テレ東のつくり方

大久保直和

日経プレミアシリーズ

はじめに――弱小組織、逆境からの反撃

「戦争が起きてもアニメをやっている……」

このように笑われたこともあるテレビ東京は、「他と同じことをやらない」にこだわり続ける少し独特なテレビ局です。

夜10時から放送される、ちょっと真面目路線の「ガイアの夜明け」「カンブリア宮殿」「未来世紀ジパング」も、「他がやらない」という意味で、その代表的な番組と言えるのではないでしょうか。

「ガイア」「カンブリア」「ジパング」……。いずれも長年続いていますので、ありがたいことに知的好奇心にあふれる熱心なファンの方もけっこういらっしゃいます。すべての番組を観ていただいているコアな方はご存じかもしれませんが、実は、3つの番組は兄弟です。

それぞれ「経済」をテーマとしているほか、「日経スペシャル」という肩書きがついていること、さらに番組タイトルにカタカナ単語が入っていることなども共通しています。

さらに社内の視点から申しますと、いずれの番組もテレビ東京の「報道番組センター」という部署がすべて制作しているところも共通しています。そして何より、「ガイアの夜明け」から「カンブリア宮殿」が生まれ、さらに「未来世紀ジパング」が生まれたのです。

テレビ東京の内部では、現在、「ガイア」「カンブリア」「ジパング」は、まとめて「経済3番組」と呼ばれています（2018年4月からは新設の「ドラマビズ」という経済ドラマも仲間に加わりました）。

私は、図らずも3番組のスタート時から現在まで、深く関わってきました。「ガイア」の立ち上げ（2002年）にディレクターとして加わったところから始まり、プロデューサー、チーフ・プロデューサー（この業界ではCPと略します）を務め、さらに「ジパング」の立ち上げ（2011年）のCP、そして今は「カンブリア」のCPを務めています。こういうのを〝生きた化石〟あるいは、〝生き字引〟と呼ぶのかなと思ったりします。

さて、2017年5月、「ガイアの夜明け」の15周年を祝うパーティーが催されました。番組案内人の江口洋介さんや、ナレーションの杉本哲太さんにも駆けつけていただき、お二方の〝ガイア愛〟に満ちたスピーチなどで大いに盛り上がりました。

実は、その数日前、私は久保井CPから「大久保さんにもマイク回すので、思い出をしゃべってくださいね」と振られていました。

「マジか、緊張するな……」と思いつつ、自分が「ガイア」の9年半で経験したことに思いをはせました。これまで馬車馬のように前ばかり向いて走ってきたので、あまり振り返ることがなかったのですが、どうでしょう、まさに走馬灯のように記憶が甦り、いろいろなアイデアが浮かんできました。

そのアイデアをスピーチ用に、〝まじめな振り返り〟〝おもしろ失敗ネタ〟〝当たりネタの法則〟などなど、いくつかのバージョンのメモとしてまとめ、当日の朝、ポケットに忍ばせました。

ところが、当日のパーティーでは、時間の関係上、私にマイクが回ってくることはありませんでした。

「はあ、エラい人たちの前で話さずにすんだ……」。内心、ホッとしたのですが、後日、いろいろ仕込んだメモを眺めていて、ふと思いました。

主に、「ガイアの夜明け」をはじめとしたテレ東報道局の後輩へのメッセージとして考えたものでしたが、意外にこれは、いちテレビ番組作りの枠を超えて、他の業界の人たちにも相通じるテーマ性があるのではないか、私たちと同じように逆境に苦しむ方々にも、共感していただける示唆をも含んでいるのではないか……と。

というわけで、〝戦争報道の裏でムーミンを流すテレビ局の報道局〟から、名物〝独自路線〟番組がいかに創られていったか、どのように逆境をバネにサバイバルしてきたか、をたどりながら、そこから見いだした「逆境からはい上がるアイデア」をまとめてみようと思った次第です。

（肩書きは当時のままを基本とさせていただきます）

目次

第1章　「番組を立ち上げる」ということ　17

第2章 逆境のテレ東・報道局

第3章

アイデアは、どこにでも転がる

頭の中の〝釜爺〟に活躍してもらう
「農村少女×巨大企業トヨタ」の掛け合わせ
取材を待ち受ける、数々のハードル
「なぜテレ東だけなのか」
涙があふれる手紙——農村少女、その後
中国・不動産バブルの混乱で、なぜか拘束される
農村少女の故郷にも、成長の波が
北朝鮮に潜入、ついに高視聴率を叩き出す
「番組の壁」を超える
「ありきたり」を回避する視点

第4章

あえて不得意に挑戦すると、いいことがある

第5章

なぜ番組はスランプになったのか

毎週のラインアップは、こうして決めている

ガイア、10年目の不振

家族の言葉に、ハッとする――それでも振るわない視聴率

一歩先では早すぎるから、半歩先を行こう

「一日寝かせる」とジャストタイミングになりやすい

そして、東日本大震災

風化との闘いと苦渋の決断

私にとっての「ラスト・ガイア」

最後の決戦は〝ラテ欄〟にあり！

ディレクターは知りすぎている

自分に酔った言葉は、視聴者に響かない

入り口と出口の秘策――ラテ大会で人気投票

「あなたは、どっち？」――ラテ欄をマーケティングする

第6章

新番組CP、さあどうする⁉

第3の経済報道番組、産みの苦しみ

「世界」の番組を作りたかった2つの理由

通る企画、ボツの企画はどこが違うのか

社内外から番組スタッフを集める

「驚かせるMC」はウィキペディアで知る

テレ東のスタッフが、MXテレビでタレントを出待ち

番組のネーミング会議は、こんな感じだった

世界がテーマなのに、なぜ日本なのか

初回は、視聴率5・5%の微妙なスタート

そして2回目は、スタッフが真っ青になる視聴率

テレ東の新番組は苦戦がデフォルト

中国に「異変」が起きているのか

「南シナ海」の紛争でバナナが激安に

第7章

池上彰さんの伝える力、村上龍さんの想像力

エピローグ

逆境にこそ燃える、テレ東社員！

第1章

「番組を立ち上げる」ということ

「ガイアの夜明け」は、書籍化もされ大きな反響を呼んだ

社運をかけた大型報道番組構想に興奮！

「最近、街を歩いていると、〝ガイアのおじさん〟って呼ばれるんですよ」

「ガイアの夜明け」の初代「案内人」を長らく務めた役所広司さんが、スタートから5年くらい経った頃でしょうか、収録後にそんなエピソードを披露しました。

〝役所広司〟と言えば、『Shall we ダンス？』やカンヌ映画祭の大賞を受賞した『うなぎ』、その頃は『ＳＡＹＵＲＩ』でハリウッドにも進出していた、引く手数多の日本を代表する名優です。そんなすごい人が「ガイアのおじさん」です。それだけ番組の知名度が上がった、という趣旨でのお話でした。

「ガイアの夜明け」は、異色の経済ドキュメンタリー番組として2002年4月にスタートしました。「夜明けに向かって闘う人たちの物語」がキャッチフレーズ。ビジネスの現場の人たちへの徹底した密着取材を通して、ジャーナリスティックな視点で日本経済の今と課題を見ていくのが番組テーマでした。

案内人は役所さんで、ナレーションはいぶし銀俳優の蟹江敬三さん。冠は「日経スペシャル」で日本経済新聞社が全面協力と、テレビ東京にしては、そうそうたる顔ぶれが揃った、豪華な船出でした。

しかし、この船出の裏では、壮絶な葛藤があったのです。特に忘れられない、重大な葛藤が、番組タイトルをめぐるもので、一度は、まったく別の名前になりかけたのです。

ネーミング騒動が起きる4カ月前、01年10月、私はパキスタンの首都イスラマバードにいました。あの9・11のアメリカ同時多発テロが起き、首謀者のオサマ・ビンラディンを追う米軍がアフガニスタンを攻撃、その現地取材のため当時国際部にいた私が東京から派遣されたのです。実は新番組との出会いがこのイスラマバードでした。

現地での滞在が1カ月を超えた頃、東京から交代要員がやってきました。若かりし日の久保井くん、15周年のパーティーでスピーチをお願いしますと私に振った、ガイアCPです。引き継ぎ作業の合間に、こう話しかけてきました。

「大久保さん、知ってました？　今度、社運をかけた大型報道番組が始まるらしいですよ。NHKスペシャルならぬ日経スペシャル。テレビ東京が経済ドキュメントで勝負するんですって」

ずっとパキスタンにこもっているんですから知る由もありません。が、それを聞いたとたん、ビビビ！と来ました。大型報道番組、経済ドキュメント……。ついに我が社、我が報道局にもそんなときが来たか。

その後、東京に戻った私は、すぐ新番組の高原GP（ゼネラル・プロデューサー）に直訴しました。「ぜひやらせてください！」。入社以降、ここまで明確に人事の希望を自ら発したのは初めてでした。高原GPも意気に感じてくれたようで、「おう、やるか！」と即答してくれました。晴れて立ち上げメンバーに選ばれたのです。

ちなみに、私に貴重な一報をくれた久保井くんは、パキスタンに長くいたため、新番組の立ち上げに参加できませんでした。その後、ロンドン支局特派員などを歴任し、念願かなって「ガイアの夜明け」に来られたのは、実に12年後のことでした。今でも抜け駆けしたようで申し訳なく思いますが、人生はつくづく運と縁とタイミングだなと感じる次第です。

「ガイア」派と「夜明け前」派の果てしなき攻防

2002年1月、新しい大型報道番組を作るための部署、報道局特別番組部（現在の報道番組センター）が発足しました。私は、ディレクターとして加わりました。しかし、ここからがまさに産みの苦しみです。

新番組の立ち上げには、決めなければならないことが山のようにあるのです。まずは、番組のスタイルづくり。役所広司さんを起用すること、経済ドキュメンタリーをやること、この2つは決まっていましたが、じゃあ役所さんはどういう役回りで、何をどこで、どう伝えるのか？　経済ドキュメンタリーといっても、何をどう取材するのか？　さらに番組タイトルをどうするか、題字、テーマ音楽……。

次に体制です。局員だけでは毎週1時間の番組を作り続けられないため、ドキュメンタリーや報道番組を得意とする外部の有力な制作会社にも声をかけていきます。ほかにもテロップの出し方やフォント（字体）、色合いといったディテールと並行して、実際に、どんなテーマ、題材で毎回放送していくのか、つまりラインアップづくりも待ったなしでした。

とにかくいろいろありすぎて、どれもそれなりにドラマがあるのですが、ここは「番組タイトルの攻防」を振り返ります。なぜ「ガイアの夜明け」というタイトルになったのでしょうか。

最初は、日本経済新聞社が支援してくれるので「日経スペシャル」でした。しかし、これはあくまで冠タイトルです。

私が帰国後、高原GPに直訴している頃、次なる番組タイトルが浮上していました。それが、「ドラマチック10（テン）」。なぜドラマ？と思っていたら、俳優の役所さんの出演が決まったためとか、経済をドラマチックに伝えるとか、諸説あったようです。にしても、報道番組、経済ドキュメント番組を連想させるものではありません。

さあ、そこからいろいろな案が浮かんでは消えていきました。

福田一平プロデューサーが提案したのが、「されど我らが時代」。これは、柴田翔さんの小説『されど我らが日々』をモチーフにしたものでした。ちょっと格好良さげでしたが、小説のテーマは「全共闘時代」なので、さすがに時代的にどうなのか……。

さらに福田Pが持ち出してきたのが、「ガイア」。おお、来ましたね。龍村仁さんのドキュメンタリー作品『地球交響曲（ガイア・シンフォニー）』にインスピレーションを受けたのだそうです。

そこに、理論派の斉藤Pが乗って、意味合いをこう肉付けしました。「ガイア」とは、もともとはギリシャ神話の大地の女神で、近代になってノーベル賞作家のウィリアム・ゴールディングが「地球」を総称したもの、とのこと。

「世界規模の経済を扱うスケールの大きなタイトルにしたい」という福田・斉藤P連合による提案で、「ガイア」というタイトルの意図が明確になりました。

そこに、待ったをかけたのが、同姓ですが、別人の福田裕昭チーフ・プロデューサー。

「『夜明け前』はどうかな?」

そのココロは、「このあいだ、自民党の加藤紘一さん(故人、元自民党幹事長)と懇談したときに、『夜明け前が一番暗い』と言っていたんだよね。日本経済は今が夜明け前。しかし、もうじき夜が明ける、そんな希望感がいいんじゃないかな」。

さあ、ここから新番組立ち上げチームは、真っ二つに分かれてしまいました。「ガイア」派と「夜明け前」派にです。「ガイアがかっこいい」「カタカナより日本語のほうがわかりやすい」……。

どちらも譲る気配がありません。いきなり新番組の行く手に暗雲がたれ込めてきました。

ガイヤのナイヤ——意味不明なタイトル案に目がとまる

そんな状態が数日続いていたときに、動きがありました。報道局の上層部でタイトル案の検討が始まったというのです。寝耳に水でした。「決められない現場」に業を煮やしたようです。気になるタイトルを聞いてみると……「我らの時代」になったと言います。はあ?福田一平Pの「されど我らが時代」をもとにして考案したようです。

チーム内に動揺が走りました。「俺たち現場は外されたのか!?」。

いきなりの試練です。メンバーが集まって緊急会議を開きました。とりあえず現場の案をまとめてから、上層部と掛け合うべきじゃないのかということになりました。

さあ、どうする。チーム内では互いに一歩も譲らない、「ガイア」派と「夜明け前」派のにらみ合い。そんな緊迫した状況の中で、それまでたいして出番のなかった人間にピンと来るものがありました。ちなみに、この「出番のなかった人間」というのは私です。

ずっと設置してあるホワイトボードの端に、書かれていた、あるタイトルが目にとまったのです。「ガイヤのナイヤ」。

これは、「ガイア」が俎上に載ったとき、発想力豊かな構成作家の水谷和彦さんが出した案でした。「『の』が入ったタイトルの番組は成功する」という当時のテレビ業界の都市伝説に則ったそうです。野球の〝外野と内野〟にかけたということですが、ちょっと意味不明です。そもそもガイヤではありません。笑いはとったものの、脇に置かれていたのでした。

焼き肉店の襲撃で、ついに決着の道へ

私は、ホワイトボードの前に歩み寄り、こう切り出しました。

「『の』を入れて、くっつけてみましょうか?」

ポカンとするメンバーを前に、私はホワイトボードにこう書きました。

「ガイアの夜明け前」

「おお」という声が上がりました。「意外に悪くないね」「でも、語呂がいまいちかな」。

するると誰かが「『前』を取ってみたら？」と言いました。私は「前」にバッテンをつけました。

「ガイアの夜明け」

「いいじゃないか！」。複数の人がすぐに反応しました。違和感がありながらも、日本を含む世界の夜明けといった前向きな雰囲気が出ていました。ようやくまとまりました。

次は報道局上層部の説得です。その晩、「今夜、報道局長がうちの政治記者と赤坂で焼き肉を食べているらしいわよ」。有吉佳子ディレクターが駆け込んできて言いました。よし行こう！　直談判しかありません。アポもないまま連れ立って、赤坂の焼き肉店を襲撃です。

どしどしと店に入っていくと、見慣れた一団がいました。政治記者たちを押しのけ、藤延局長に詰め寄ると、いつもポーカーフェイスなのに、さすがに面食らった表情。

「いったいどうした？」

「タイトルが決まりました」

「……何になった？」

「『ガイアの夜明け』です。差し替えてもらえないでしょうか！」

ひょっとしたら組織としては許されない行動だったかもしれませんが、私たちは必死でした。

ありがたいことに局長は鷹揚でした。最後にどのように同意したのかは、高揚しすぎていたためか記憶がおぼろげですが、この赤坂の直談判をきっかけに、現場の必死の訴えが通ったのです。

ついに『ガイアの夜明け』の誕生です。

つまりアイデアは「組み合わせ」である

後年、この番組タイトルについては、「最後はお前が決めた」と言われたりもするのですが、私はただ組み合わせただけです。

タイトルを検討する段階で、私はほとんど案も出せていませんでした。いろいろな案を繰り出す先輩たちを見て、すごいなと思うばかりで、自分はつくづくタイトルのセンスがないと尻込みをしていたのです。

でも、今から考えると、その頃は〝アイデアの作り方〟を知らなかっただけだったのかもしれません。なぜなら、ノミネートされたタイトルのアイデアは……もう、おわかりですよね、「ガイア」にしろ「夜明け前」にしろ、もともと存在した言葉を引用、あるいはもじっています。

ちなみに「ガイア」は、龍村仁さんのドキュメンタリー映画の他にも、パチンコチェーンやトヨタのファミリーカーの名前にも使われていました。

「夜明け」のもとになった「夜明け前」は加藤紘一さんの言葉からの着想ですし、そもそも皆さんご存じの通り、島崎藤村の小説の題名でもあります。

すでにある、ありきたりかもしれない、2つの言葉。その2つをたまたまくっつけてみたら、「あらま、意外によかった。新しいものが生まれた」というわけです。2つの要素がうまく掛け合わされたときに、まったく別の、まったく新たな番組タイトルが誕生したのです。

この体験は、私にとって、その後のアイデア作りの一つの指針となりました。

以下は、その後、番組のラインアップ作りに苦慮しているときに見つけて読んだ、アメリカの広告業界のカリスマによる古典的名著『アイデアのつくり方』の一節です。

「アイデアとは既存の要素の新しい組み合わせ以外の何物でもないということである。これ

はおそらくアイデア作成に関する最も大切な事実である。」（ジェームス・W・ヤング）

要するに、アイデアは、天才的に突然生まれるものではなく、そこらにある、あるいは自分の頭の中にある要素、知識の組み合わせだというのです。「なーんだ。だったら自分でもできるじゃないか」と、ちょっと勇気づけられますよね。

この法則はネーミングに限りません。ガイアの夜明けが曲がりなりにも成功を収め、長寿番組となった理由の一つも、ここにあるのではないかと思うのです。経済、ドキュメント、それぞれは既存のカテゴリーですが、これが「経済×ドキュメント」あるいは「経済×物語」となったときに、新たな地平が生まれたのです。

こうして、「ガイアの夜明け」が一歩を踏み出しました。

ディレクターは、こんな仕事をしています

「ガイアの夜明け」では、スタート当初から経済成長著しい「中国」に注目し、数々のテーマで放送してきました。その数は、60回以上にも上り、番組の一つの特色になってきたと思います。

中でも、10年にわたり一人の〝出稼ぎ少女〟を追いかけ続けた「中国農村少女」シリーズ

中国・河南省の農村少女、厳建麗（手前）と妹

は、中国発展の軌跡と、経済成長の光と影を描き出し、代表的な作品となりました。民間放送連盟テレビ優秀賞などテレビ界の賞の数々も受賞することができました。

「世界の工場へ　中国農村少女の旅立ち」２００２年５月放送
「中国２時間スペシャル」　２００２年10月
「農村少女と昇竜の３年」　２００５年４月
「農村少女と中国の６年」　２００８年４月
「中国　農村少女とトヨタの10年」　２０１２年５月

この「農村少女」こそ、私のガイア第１作です。ディレクターとして最初は正直不安だらけでしたが、プライムタイムの１時間の番組をなんとか作ることができ、その後の自信というか、やっていけるという勇気が生まれた作品です。

では、この初回作品の企画、制作、放送までをたどりながら、テレビ制作の舞台裏を披露させていただき、現場での着想、発想、決断を振り返ってみたいと思います。

「ガイアの夜明け」の立ち上げメンバーとなった私の当初の役割は「ディレクター」でした。ちなみにディレクターの仕事をご紹介すると……

企画書を一生懸命書く↓企画会議で熱意をもってプレゼンする↓GOが出たら取材班（カメラマンと音声、現地コーディネーター）を組織する↓取材交渉をする↓スケジュールを組む↓現場にカメラマンと出向く↓徹底的に取材する↓撮影して帰ってくる↓それを編集マンとともにVTRにまとめ上げる↓プロデューサーのチェックを複数回受ける↓ナレーション録り↓オンエア！

といった具合です。

さあ、どんなテーマの番組を手がけるのか。最初が肝心だと思っていましたが、自分の中では、大きなテーマは「中国」で固まっていました。

「知られざる中国のリアルな実態をドキュメントするぞ……」。実は、周囲からもそれを期待されていました。なぜなら私は、前年まで北京支局の特派員、現場を知る者だったからです。

北京駐在を命ず

私が北京に赴任したのは1997年10月のこと。しかし、いわゆる中国の専門家でないだけでなく、一度も行ったことすらありませんでした。

たまたま希望者がいなくて、当時の青木支局長から声がかかり、「今後どう変化するのか見るのもありかな」と、ちょっとした好奇心から応じたのでした。

「おいおい、そんなので特派員を名乗っちゃうの？」と思った方も多いでしょう。しかも支局長です。確かに自分も不安でした。が、それもまた人が少ないテレビ東京だからこそという面があり、29歳の若造にチャンスが回ってきたのです。

赴任前に壮行会を開いてくれた知り合いの中には、その場でこんなことを言う人がいました。

「会社でなんかやっちまったか?」。まるで島流し扱いです。「なんで、わかったんだよ!」などと冗談で返しつつ、中国の印象はこんなものなのかと納得しました。

仕方ありません。当時の中国といえば、まだ急激な高度成長が始まる前で、一般にはあまり注目されておらず、「天安門事件」などのちょっと怖いイメージが残っていたのです。

かくいう私も、中国といえば「人民服を着た人たちが自転車で大行列」というようなステレオタイプのイメージしか持っておらず、行ってすぐ、現実とのギャップに驚くことになります。

結果的には、素人の若造だからこそ、まっさらの目線で新時代の中国を見ることができたように思います。

それから3年半後には……「中国がわかる男が帰ってきたぞ」。任期を終え東京に帰任したとき、私を迎える人たちの反応が180度変わっていました。

ご存じの通り、私が赴任している間、中国では高度経済成長が始まり、気がつけば家電や衣類をはじめ、製品の一大生産拠点、「世界の工場」となり、世界経済の〝ライジングスター〟となっていたのです。

「日本と世界経済の現場で、夜明けに向け闘う人たちのドキュメント」としてスタートする

「ガイアの夜明け」にとって、中国経済は当然、大きな関心事であり、取り上げるべきテーマとなっていました。

中国感動作は、週刊誌の小説から着想した

中国経済、人口13億人のでっかい国が相手です。何をすればいいのか。しかも社運をかけた1時間の番組です。本当に手探りでした。焦りもありました。来る日も来る日も、頭の中は「中国企画」で一杯。文字通り、産みの苦しみです。ディレクターにとって、自分が手がけるべき企画が決定して第一歩を踏み出すまでが、長く、孤独で、つらい闘いなのです。

自分としては、北京特派員時代にこだわって取材した「中国農村」「中国内陸部」で何かできないかとうっすら考えていました。中国に初めて行って驚いたのが、北京などの都市部と、内陸部にある農村との経済格差だったからです。それも、格差という一言では片付けられない、違う国とも感じられるほどの凄まじい貧富の差でした。

中国には、「都市戸籍」と「農村戸籍」という区別があり、まるで身分制度のように区別されていました。日本では考えられない大きなギャップに関心を持った私は、駐在中には、北京の政治などのテーマより、内陸部取材に重きを置いて駆け回っていたのです。

ただし、「ガイアの夜明け」は、ドキュメンタリー番組であり、日本の視聴者にも関心を持ってもらえるストーリー展開が求められていました。特派員の現場レポート程度では足りないであろうことは、いちディレクターとしても理解していました。何か大きな軸が必要なんだよな……とじりじり焦る日々でした。しかし、そんな中で、アイデアがひらめく瞬間が訪れました。

何気なく週刊誌、「週刊文春」を読んでいたときのこと。中国特集の記事ではなかったのがミソかもしれません。それは連載小説でした。桐野夏生さんの『グロテスク』という作品で、東電ＯＬ殺人事件をモチーフにした、女性の深層心理に迫る力作です。

その連載回は、日本で殺人事件を起こして逮捕された中国人が生い立ちを語る場面でした。貧しい中国内陸部の農村の生活から抜け出そうと、決死の覚悟で沿海部の都市に出稼ぎに出る、その壮絶な道のりがドラマチックに語られています。

ハイライトは春節（旧正月）の長距離列車の車内でした。「われ先に」と車内に乗り込み、座席に座れないばかりでなく、立錐の余地もなく、網棚に上がり込んだり、トイレにこもったり、まあ、東京の通勤地獄なんて目じゃない、とんでもない壮絶な状況が克明に描写されていました。

「あ、この状況、知っているぞ」と思いました。毎年、中国では春節の時期に、地方と都市の間で、出稼ぎ労働者の大移動が繰り広げられ、私も支局時代に北京駅の外側から、その大混乱の様子をレポートしていました。

地方の農村から都会に出稼ぎに出て、1年に1度故郷に戻る。旧正月が明けると、また逆の流れが、今度は新たに出稼ぎに出る人も加わって勃発するのです。その頃は全土で1億人が大移動すると言われていました。1億人！ 日本の人口に匹敵する人々が一気に動く、そのダイナミックな光景の一端を目の当たりにした当時の私は、本当に驚いたものでした。

〝出稼ぎ列車の緊迫のドキュメント〟……「これだ！」と思いました。いかにもテレビ的な、衝撃的な、とんでもない大移動はしかし、都市になだれ込む農村の出稼ぎたちが「世界の工場」の担い手となっていく道のりでもあります。

成長途上の中国経済を文字通り底辺から支える、知られざる底流、さらには壮絶な格差の実態を描くことができるはずだと、それまで悩みまくっていたのがウソのように、頭の中が晴れ渡りました。

早速、企画書にまとめて、「ガイアの夜明け企画会議」に提出しました。タイトルは、「中国的〝金の卵〟1億人の大移動」でした。ちなみに〝中国的〟の「的」は、日本語では「の」

を意味します。相変わらずタイトルはパッとしませんが、金の卵と銘打つことで、かつての日本の高度成長とダブらせる、そして、初めて出稼ぎに出る若い女子工員に密着することで、波乱のヒューマンドキュメントを目指すとプレゼンしました。

「そんなに凄まじいのか」「いいね」「見てみたい」……。

プロデューサーたちが乗ってくれました。結構あっさりGOが出たのです。

しかし、ここで福田一平Pから注文というか、リクエストが出ました。

「農村の少女が生まれて初めて、長きにわたって家族と離れる、その別れのシーンにこだわってほしい」というものでした。

この指摘は目からうろこでした。見たことのない出稼ぎ列車の壮絶シーンこそが肝と思っていましたが、なるほど、別れの場面は、中国人も日本人も関係ない、親にも子にも共通した感動の普遍的要素がある、というわけです。

企画書を起点にイメージを膨らませる――仮説から実践へ

企画の発想を生んだのは、次のようなものです。

「別離×大移動」「感動×壮絶」。そうです。ここでも2つの要素が組み合わさったのです。

もちろんこのとき、そこまで分析的に考えていたわけではありませんが、この2つの場面にこだわることで、良いものができる、という漠然とした確信が生まれていました。

テレビの番組作りは、企画書という文書が起点となりますが、そこからどれだけイメージを膨らませられるか、が重要です。ビジネス本などで出てくる経済キーワードの「仮説」に近いものかもしれません。この仮説がうまく立てられなければ、例えばコンビニの商品開発もできないように、テレビ番組もうまく作れないと思うのです。

さあ、企画イメージはできました。いよいよ実践です。相手は中国。日本に比べると報道の自由度が格段に低く、見えない壁がたくさんある現場です。

まずは企画の主眼である「鉄道」が第一関門でした。社会主義の影響で交通インフラは国家管理下に置かれ、また軍との関係性もあるとされるため、日本の感覚では考えられないくらい取材が難しい対象なのです。駐在時代に春節の出稼ぎレポートをしたときにも、北京駅に立ち入る許可が下りず、やむなく駅の外側で撮影したほどでした。

ここで私は、「3年半の北京駐在経験」という引き出しを開けました。「人脈」です。あまり詳しくは語れませんが、公的な立場の中国人の知り合いに相談したところ、道が開けたのです。

中国の人は、「老朋友（ラオポンヨー）」といって古くからの友人を大変重んじます。彼もそうでした。駐在時代の付き合いでは、何かを期待するということでもなく、またここまで力を持っているとも思っていませんでしたが、やはり持つべきものは、中国の老朋友です。

感動のシーンは不意に訪れる

中国では大変な思いをしながら撮影を重ねましたが、同業者以外の方は、ディテールにあまり関心がないかもしれません。ここでは実際の放送がどういうものになったかを簡単に紹介しつつ、成功の裏にあった「残念な判断」もお伝えします。

「2001年2月、中国内陸部、河南省の農村で、ガイアのカメラは一人の少女と出会いました。彼女の名前は厳建麗（ゲンケンレイ）……」

今は亡き蟹江敬三さんの、味わい深い、名ナレーションで番組は始まりました。

彼女の実家は、土や藁（わら）で作られた粗末な家。貧困にあえいでいました。戦前の日本の農家かと思うような光景には正直驚きましたが、中国の農村では当たり前と言ってもいいような状況でした。

建麗の家族は、父、母、2人の妹に祖母の6人。一家の年収は1万6000円ほどしかあ

家族と別れる建麗は涙をこらえきれなかった

りませんでした。年間の収入が、です。自給自足のような生活で何とかやっていましたが、さすがに生活がままならないのと、すでにその地域では都会に出稼ぎに出るのが当たり前になっていて、稼いだ人の中には、豪邸を（あくまで土壁の家と比較してですが）建てた成功者も出ていました。

「どうして出稼ぎに出るんですか？」

「…………」。無口な建麗、インタビューをしても、なかなか的確な答えが返ってきません。お父さんに横から助け船を出しもらって、

「……二人の妹の学費を稼ぎたくて」

ようやくぼそっと話したと思ったら、そのままメソメソしてまた黙り込んでしまい

ます。果たして、こんな無口な子で番組になるのか……。そんな不安が取材班の心に宿っていきます。しかし、みんなの心配を一気に晴らすときが訪れるのです。

それは旅立ちの朝。着替えなどを入れたバッグひとつを抱えて、相変わらず寡黙に家を出ていく建麗。村のはずれまで家族がぞろぞろと静かについていきます。

木立を抜けて、さあ、ここでお別れというところまで来て、突然、建麗が、大好きだったおばあちゃんに抱きつきました。言葉が出ません。そして涙があふれます。止まりません。それまで淡々としていたお父さん、お母さん、そして二人の妹の目からも涙があふれます。堰を切ったように、まさにそういう表現がふさわしいと思いますが、家族の感情が爆発したのです。

優秀な中国人カメラマンが、静かに、しかし、しっかりと動き回りながら、それぞれの表情をとらえていきます。

「ここを出たら、もうメソメソしちゃだめだよ」

おばあちゃんの優しい言葉で、目を真っ赤にした建麗がようやく身を離しました。

そして同行する女性たちと畑の中の一本道を歩き出します。いざ、「世界の工場」広東省へ。

河南省の信陽という鉄道駅に着くと、駅前の広場まで出稼ぎに行く人たちで溢れかえっていました。何時間もかかって、ようやく大混乱の、立錐の余地もない列車に乗り込みました。

一睡もできずに出稼ぎ列車で迎えた夜明け、心配そうな表情で朝日を見つめる建麗の姿が印象的でした。放送では、その場面にBGMがかかります。ヘンデルのアリア「私を泣かせてください」という名曲でした。中国の出稼ぎ少女とクラシック。しかも古典のヘンデル。ここでも意外な2つの組み合わせです。音楽を担当する新井誠志さんの素晴らしい選曲でした。

撮影成功の陰で、苦渋の「落とす」決断

この厳建麗の物語は大きな反響を呼び、その後10年の長きにわたって、彼女の成長を追跡取材していくことになるのです。

しかし、実はこのとき、主人公を彼女のほかに2人も追いかけていました。ひとりは、重慶の山奥の村から初めて大学に進学したという女子大生。その彼女が三峡を下り、大都会北京での就職に臨むも、現実は厳しく涙する、という密着ドキュメントでした。2人目の主人公として描きました。

もうひとりは、建麗と同じ河南省ですが、まったく別の寒村出身の女性です。地元の料理店で働いていましたが、「外に出てもっと稼ぎたい」と決断、福建省アモイにある大手電機メーカーの工員になるまでを密着取材しました。

私たちは、建麗と同じように出稼ぎ長距離列車での過酷な密着取材をしました。しかし、3人目の彼女の物語は、放送に至りませんでした。日の目を見なかったのです。

放送の時間のことを業界用語で「尺（しゃく）」と言いますが、これには限りがあります。「ガイアの夜明け」は54分番組で、その間にCMも入ります。最終的に私自身で判断して、「落とす」ことにしたのです。苦渋の決断でした。

せっかく取材に応じてくれた彼女に申し訳ありません。ずっと撮影してくれた中国人カメラマンたちにも申し訳ありません。何より申し訳ないのですが、私はあえて「3人追う」という、ある意味で保険をかけていたのです。

中国での取材は、想定外が多く発生することがわかっていました。私の実感では、目標は「7割」です。つまり事前に想定した7割が構築できれば成功だという線を引いていたのです。

報道取材、ドキュメント取材で事前の想定通り撮って帰れることなど、なかなかありません。相手は「リアルな現在」なのですから、行ってみて違っていた、変わっていた、などということがよくあります。ましてや中国です。いろいろ想定をして、準備をして臨まなければなりません。

このときは、想定を超えて前の2人がうまく撮影できたため、入らなくなってしまいました。最終的には、彼女とスタッフたちの了解を得られて、こういう結果となりましたが、うまく放送できなかったことは、今も心に深く刻まれています。

そして、放送後にはさらなる逆境が待っていたのです。

放送日の翌朝9時に、テレビ関係者は受験生の気持ちになる

中国もののドキュメンタリーとして私が目標にしていた番組があります。フジテレビが2000年に制作、放送した「小さな留学生」です。

中国人の小学生の少女が北京から東京に来て、親の仕事の都合で戻っていくまでの2年間に密着取材した感動作でした。主役が中国人のドキュメント番組、はたして視聴率がどれほどだったか、想像できますか？　答えは、20％です！

「伝わるものがあれば、これだけの人が見てくれるのだ、よし俺も」。そんな野心を抱えながら、福田一平Pから出された課題の「別れ」の感動シーンも撮影でき、「中国経済の光×

影」「感動の別れ×壮絶大移動」という初期設定テーマを何とかものにして、私は手応えを感じていました。

放送前の事前試写では、辛口で鳴らす日本経済新聞社の大村ガイア担当から「すごく感動した」という感想ももらいました。「小さな留学生」の20％とまではいかずとも、それなりに数字はいくのではないか……。

視聴率は、放送の翌朝9時に判明します。調査を担当するビデオリサーチ社から各テレビ局にデータが送られ、それが社内で一斉に公表されるのです。テレビに関わる者なら誰もが経験する、ど緊張の瞬間です。たとえてみれば、大本命の大学受験の発表の瞬間、と言えば、その感覚をわかっていただけるかもしれません。

で、「農村少女」の結果は……3・7％。

「ガイアの夜明け」は、開始から視聴率的には厳しい船出でした。初回の「銀行再編」が3・1％、私の前の回「ハゲタカファンド」が3・6％。どれも力作でしたが、テレビ東京の場合、新番組の認知度が著しく低いのがいつものことで、ガイアも例外ではなかったのです。

しかも、それまでにない異色の経済ドキュメンタリー番組ということで、見る側にとっても、最初はとっつきにくかったのだと思います。

制作者側からすると、「視聴率ばかりじゃない。内容だ！」という思いも強くあるのですが、客観的な指標は、視聴率しかないのがテレビ業界なのです。しかもゴールデン・プライムタイム（夜7時～11時）は一番の主戦場。「ガイアの夜明け」の「視聴率」をめぐってはこの後も、ことあるごとに一喜一憂し続けることになります。

農村少女の3・7％という結果は、全精力を傾け、少なからず手応えも感じて得意げになっていたディレクターにとっては、衝撃であり、落胆の結果でした。頭の中が真っ白になりました。「そんなに低いのか……」。

そんな私に追い打ちをかける話が伝わってきます。

「あんなお涙頂戴、経済番組じゃない」

直接言われたわけではないのですが、局の上の人が「あんなお涙頂戴の『別れの一本杉』、経済番組じゃない」と辛口のコメントをしたというのです。ちなみに「別れの一本杉」、調べてみたら、1955年の春日八郎さんのヒット曲で、村はずれの一本杉で恋人と別れる場面が歌われていました。まあ、その場面だけ切り取れば、確かにそうかもしれませんが……。

この批判は、もちろん心情的にはこたえました。中国経済の底辺で起きている、知られざる現場を描くというテーマを外したつもりはありません。当時のこの上司に直接言い返す度胸はなかったのですが、「見返したい！」と心に刻みました。

担当の福田一平Pは、そんな私の心の葛藤を知ってか知らずか「今回はよくやった」と褒めてくれました。そして、「もっと建麗を追いかけたらどうだ。『宋家の三姉妹』ならぬ『厳家の三姉妹』だよ」と言います。

「宋家の三姉妹」とは１９９７年に公開された香港・日本合作映画で、孫文の妻や蒋介石の妻となる中国史に輝く3姉妹の激動を描いたものでした。それにしても皆さん、演歌やら映画やら、いろいろな作品を引き合いに出してくるものです。

今回は、大変な取材で、その仕込みからして面倒なことが実はかなりあったので、即答はできませんでしたが、結局、続編に挑戦していきます。その背景に、「一本杉」批判があったのも事実です。名実ともに中国経済ドキュメントとして認められたい、そんな反骨心が芽生えていました。

逆境をバネにする！　思えば、テレ東では逆境の連続でした。

第2章

逆境のテレ東・報道局

テレビ東京の神谷町旧本社

報道局のタブー

1991年1月17日、突如クウェートに侵攻したサダム・フセインのイラクに対して、アメリカを主力とする多国籍軍がミサイル攻撃を始めました。今では教科書にも載っている「湾岸戦争」の勃発です。

このとき、各局が戦争報道一色になる陰で、別の意味で注目を集めたのがテレビ東京でした。当時のチャンネルは12。世界的ニュースが起きた夜、ゴールデンタイムに日本のテレビ各局がこぞって報道特番を編成する中、テレ東は夜7時からレギュラー番組の「楽しいムーミン一家」を放送したのです。

戦争の裏でアニメ、ムーミンです。期せずして高視聴率（18・1％）を取り、かなり話題となりましたが、当時の世間の評価は、数字とはちょっと違う、微妙なものでした。「戦争という一大事にムーミンを流す放送局」「どんなに大ニュースがあっても我が道を行く（しかない）報道機関」「さすが番外地」……。

半ば嘲笑とともに語られるようになる、「テレ東伝説」の誕生でした。当時大学4年生で、就職が内定していた私も、同好会の仲間が「テレ東らしい」と話題にするのを聞いてしまい、ちょっと複雑な思いでした。

2カ月後、私は、そのテレビ東京に入社しました。さらに1年後には、「報道局」配属となりました。当時のテレビ東京報道局は、小池百合子さんがキャスターを務めるワールドビジネスサテライト（WBS）も始まって3年、前向きな雰囲気がありました。

しかし、「湾岸戦争とムーミン」の話題は、思っていたよりもタブー扱いになっていました。報道局にしてみれば、世界的ニュースの勃発は、その実力の真価が問われる舞台。実際、テレ東報道局も数名の記者を湾岸地域に派遣していました。

ところが、開戦とともに各局が緊急報道特別番組を大展開する中、テレ東の報道局はゴールデンタイムでは出番がなく、アニメが流れるのをほぞを噛んで眺めるしかなかった、といったところでしょうか。

カネもヒトも足りない弱小組織。そんな逆境の報道局で仕事を始めた私も、次々と「テレ東ならでは」の逆境を認識することになります。

逆境は、「常にそこにある」状態だったのです。しかし、その逆境をバネにするのが、実はテレビ東京の伝統、DNAなのでした。

「テレ東の席はありません」——記者クラブのヒエラルキー

報道局に配属された私は、1年間、夕方のニュースを担当する内勤として、記者クラブなど外勤の記者から原稿を受けてニュース映像を編集したり、独自の企画ものを取材して制作したりと、報道局の仕事を習得していきました。

転機は1993年6月。永田町が大政局となったときでした。自民党が結党以来、初めて野党に転落し、小沢一郎氏が中心となり細川護熙総理の連立政権が誕生する大激動の前夜のことです。

国会記者を束ねる宮田鈴子キャップから、「今度、バンカイキンになるから。よろしく」と声をかけられました。

「はっ？　バンカイキン……ですか？」いきなり業界用語でわかりません。よくよく聞くと、政局になって、総理大臣を取材する〝総理番〟記者の役割が増えるので、内勤から手伝いに来いということでした。その役目が〝番解禁〟対応だそうです。

普段は総理大臣が移動する際、マスコミ各社がそれぞれ追いかけると混乱するので、代表して共同通信社と時事通信社という2つの通信社の総理番記者が同行取材します。しかし重大な局面では各社から取材要望があるので、代表取材に任せず、各社の記者の「追いかけ」を解禁するというのが番解禁でした。

とにかく現場に出たくてうずうずしていた私は、「よろしくお願いします」と答え、翌日から総理官邸に向かいました。ちなみに時の総理は、今は亡き宮沢喜一氏でした。

総理及びその周辺を取材するマスコミ各社は、官邸クラブ（正式名は「内閣記者会」）という記者クラブを組織しています。当時、常勤加盟社として16社がありました。共同、時事に、新聞社が朝日、読売、毎日、日経、産経、東京、さらに北海道、西日本というブロック紙もいます。テレビは、NHK、日テレ、TBS、フジ、テレ朝、そしてテレビ東京です。なぜつらつらと列挙したかというと、ここにヒエラルキーとでもいう壁のようなものが存在したからです。

「番解禁」の主たる目的が、総理大臣の官邸外での行動の取材解禁でした。追いかける「移動」は大変です。通常は、共同・時事の2人の記者が1台の車を共有して代表取材していました。そこに残りの14社が加わるのです。各社がグループを作って、取材車に乗り合います。

こういうときには、だいたい新聞とテレビで分かれます。私が行ったときは、その組み合わせができていて、「民放車」というのがありました。当然そこだろうと行ってみると、「テレ東さんの席はありませんよ」と言われてしまいました。

確かに、日テレ、TBS、フジ、テレ朝で4席。普通のハイヤーですから、これに運転手で5人。私の乗る余地はありません。愕然としました。新聞にも空きはないといいます。NHKがどうだったかは覚えていませんが、NHKは新聞と民放テレビの中間的存在位置を占めていたので、新聞のほうに入っていたかもしれません。

さあ、困りました。乗るべき車がないのです。いきなり総理番初日から厳しい洗礼です。そこで、頼れる宮田キャップがクラブの各社に掛け合ってくれました。その結果、テレ東記者は共同・時事の車の助手席に特別に乗せてもらうことになったのです。

「12チャンネルさん」と呼ばれると……

共同・時事車は別格の存在でした。解禁前はこの2社だけが日々、移動する総理を追いかけ続けているのですから。

さあ、いざ追いかけ取材です。出発前に車列ができているのを見ると、先頭がこの「共同・時事車」で、新聞が続き、最後が民放車でした。

なんとなくヒエラルキーがわかろうというものです。新米記者で、最後尾の民放車からも弾かれていた私は、それはそれは恐縮して、先頭の共同・時事車に乗せてもらいました。

「よろしくお願いします」

「とにかく追い掛けるのは大変だから、ちょっとでも遅れたら置いていきますので」

つまり、足手まといにならないでくれ、ということだけ言われました。まあ当然といえば当然ですが、何も知らない新米記者のことなど、大政局取材に没頭する通信社記者は歯牙にもかけてくれません。宮沢総理を追跡するトヨタ・センチュリーの助手席で身を縮めているしかありませんでした。

その後、私は国会記者クラブ常駐の記者となり、永田町で3年間を過ごしますが、常勤マスコミ16社の最後尾という位置はずっとついて回りました。学校の出席番号のような便宜的な序列という側面もありましたが、やはり会社のパワーを示すヒエラルキーのような居心地の悪さは何となくあります。

私たち、テレビ東京の取材陣は、政治家や秘書、政党関係者、それに他社の記者からは度々「12チャンネルさん」と呼ばれました。テレビ東京の前身は、「東京12チャンネル」です。関東のローカル局で業績も視聴率も常にダントツ最下位で、「番外地」というレッテルを貼られていました。

12チャンネルさん……。ただ単に当時のチャンネル番号で呼ばれただけかもしれません。が、何となく「ちょっと上からだな」と感じていたのは、おそらく私だけではなかったと思います。

選挙特番で民放トップ！の生みの親

記者クラブは、取材のイロハ、原稿の書き方を一から学ぶことができ、偉い人（政治家）との会話や付き合い方も、なんとなく身につけられた大事な現場でした。

政治にはその後も変わらず関心を持っていました。ですが、妙なヒエラルキーを感じなくてすむような場所で勝負をしたい……それも逆境から学んだサバイバルの道でした。

それはともかく、政治取材の現場でも、先行社を凌駕するような人材が豊富にいれば勝算もあるのかもしれませんが、テレ東は、なんといっても官邸記者クラブは当時2～3人、他の民放局で5～6人、新聞社・通信社は多いところで10人以上。

これではなかなか戦いになりません。じゃあどうするか、「知恵を使え」というのが昔からのテレ東式です。これを文字通り実行して、しかも逆境の政治報道の世界からサクセスストーリーが生まれました。

毎回、視聴率では10％を超えて民放トップ！　池上彰さんが〝無双〟と呼ばれて、安倍晋三総理大臣などの政治家に切り込んでいく姿や、ちょっとゆるい〝議員プロフィール〟のユニークさが話題を呼んでいる、そう、〝池上彰の選挙ライブ〟です。

ただ、これは私の自慢話でも成功譚でもありません。主役は、もちろん池上彰さん。そしてもうひとり、わが先輩の福田裕昭統括プロデューサーです。

福田統括Pは、「ガイアの夜明け」のネーミングに際し、「ガイア」と「夜明け前」で対峙した2人の福田の、「夜明け前」を提唱したほうでもあります。

彼も政治の記者クラブ出身者でした。私と同様の逆境を永田町で体験しているであろう人物が、活路を見出すまで、テレ東選挙特番の道のりは、試行錯誤、トライアンドエラーの連続でした。私もとんでもない結果を叩き出した過去があります。

池上&福田の成功の秘密の前に、ちょっとその失敗談に、お付き合いください。

タイトルは「ザ・対決！　十番勝負」

1996年秋。記者クラブの務めを終えてすぐ、私は同年10月に行われた総選挙特番のPD（プログラムディレクター）という大役を任されました。PDは、プロデューサーの下、番組の演出面を取り仕切る役割を担います。

この衆院選は、初めて「小選挙区制度」が導入される、日本の政治史上記念すべきものでした。それまでは「中選挙区制」で、1選挙区で2〜6人が当選する仕組みでしたが、1選挙区から1人しか当選しない、一騎打ちの仕組みへと大きく変わったのです。

それまで私が記者生活を送った3年間は、まさに政治改革とその実現のための選挙制度改革が最大のテーマでした。自分が精魂傾けて取材した対象でしたから、かなり入れ込んでいました。選挙特番も、この「一騎打ち」「対決」をテーマにするべきと、プロデューサー陣に訴えました。

すると藤延プロデューサーは、「いいねえ。ジャーナリスティックにやろうよ」と即答です。さらに、「タイトルは、ザ・対決だな」。さすがです。たちまちタイトルまで浮かんでしまいました。「ザ・対決」……えらくストレートですが、これだけで番組の内容がほぼ頭に浮かぶ感じがしますよね。

最終的な番組タイトルは、「ザ・対決！　十番勝負」。激戦が予想される十選挙区を選び、その候補者同士の対決を映画『仁義なき戦い』のテーマ曲に乗せて描くというのが柱となりました。司会は、元テレ東のよしみで小倉智昭さん。まだ「とくダネ」（フジテレビ系）を始められる前のことでした。

「演歌の花道」風の構成で……残念、大惨敗

またこのとき、初めて構成作家という職業の人と仕事をしました。構成作家とは、番組の企画や構成にアイデアを出し、ナレーションを書いたりする人で、あの秋元康さんも最初は構成作家だったそうです。

私たちが出会ったのは、「ガイアの夜明け」のネーミング騒動の際に、「ガイヤのナイヤ」というアイデアを出した、あの人。その後、多大な薫陶を受けることになる水谷和彦さんでした。

水谷さんは、「（当時の）テレ東の名物番組『演歌の花道』風にしましょう」と突拍子もないアイデアを出して、演歌の花道の本物のナレーター来宮良子さんまで引っ張り出してきました。来宮さんといえば、「浮世舞台の花道は、表もあれば裏もある。今宵も染みるねえ……」という名調子が有名で、そのパロディにしたのです。

「選挙×演歌」です。今から思えば、これも「2つの要素を掛け合わせる」のパターンでした。

ワクワクする番組作りでした。報道局の大勢のスタッフがこの日の生放送一点を目指すのです。お堅い選挙番組とは一線を画しつつ、小選挙区制の王道を伝える番組を放送できたと思いました。

この特番では、プロデューサーと編成部が、さらなる勝負を仕掛けていました。それまでは各局がずらりと横並びするゴールデンタイムを避けて遅い時間にスタートするというテレ東らしいやり方でした。ところが今回は20時から。他局に少し遅れながらもゴールデンタイムで挑んだのです。

さあ、その翌朝、どんな結果が待ち受けていたのでしょうか。

緊張の視聴率結果は……残念、2・0%。惨敗でした。私を補佐してくれた中川Dとともに打ちひしがれました。

振り返ってみると、「2つの無謀」があったように思います。まず1つは、悔しいですが、他局とほぼ同じタイムテーブルで真っ向勝負をしたこと。もう1つが、「演歌の花道」風が、実はそこまで独自路線ではなかったということです。

「小選挙区の対決」がテーマだったこの選挙では、当然、他局もそこで勝負していました。私たちが力を注いだ演歌路線はしょせん「見え方、見せ方」の工夫でしかありませんでした。

しかも、小選挙区対決ということで、より当落の速報が注目されました。しかし、テレ東はヒトもカネも足りないので開票情報がどうしても遅くなってしまいます。他局と〝同じ土俵〟で戦っては勝ち目がない、その轍を踏んでしまっていた、悔しいですが、今から思うとそんなチャレンジだったのかもしれません。

〝池上無双〟を生んだ3つの勝因

では、どうすればいいのか――。他局との真っ向勝負を避けて、湾岸戦争のときのように横並びの放送を回避して、細々とやればいいのか。それから10年間、この逆境に立ち向かうべく頭をひねり続けていた人間がいました。

「ザ・対決」の惨敗から14年後、池上彰さんがメインキャスターになって、テレビ東京の選挙特番は大躍進しました。〝下克上〟を起こしたと言われました。

この勝因は、何だったのでしょうか？　ここには3つのポイントがあります。

まずは、「己を知る」です。池上彰さんと福田裕昭Pは、「速報力では負けている」という自己分析から入ったそうです。そして池上さんから「家族みんなで楽しめる選挙特番をやりましょうよ」という問いかけがあり、「今までにない選挙特番作り」が始まったのだそうです。

次に「素朴な疑問」でした。「政治家とはいったい何者なのだろう?」という素朴な疑問から生まれたのが、「当確者プロフィール情報」でした。『池上無双』(福田裕昭+テレビ東京選挙特番チーム、角川新書)という本に、2014年総選挙のプロフィール傑作選が載っているのでいくつかご紹介しましょう。

「麻生太郎　洗礼名フランシスコ」「前原誠司　今年、中学生と野球で対決　先発で1回6失点降板」「平将明　ガンダムに精通　〝平将門(たいらのまさかど)〟は無効票です」……

スタッフ独自の情報収集力と、「いじり力」を発揮した、まさにオリジナル企画といったところでしょうか。

そして3つ目の勝因が、「視聴者目線」です。

「相手が権力者だろうと、誰であろうと、『視聴者目線』で聞くべきことを聞くという姿勢で、池上彰さんはインタビューに臨みます。この取材スタイルがいつしか『池上無双』と呼ばれ…」(前掲『池上無双』より)。

池上さんは、安倍晋三総理にも本音を聞き出そうと、こちらがハラハラするほどの鋭い質問を投げかけます。

さらに、池上さんは常々、「政治記者が聞かないことを聞く」と言っていて、タブー視されているところに切り込んでいきます。公明党の山口那津男代表には、創価学会の池田大作名誉会長と公明党とのつながりを聞き出しました。

逆境の中にこそ、成功の芽がある

２０１７年10月の総選挙を前に池上彰さんは記者会見でこんなことを口にしています。
「他の局に追われる立場になっています。さらに言うと、テレビ東京が開発したさまざまな企画が他局に非常に参考にされていまして。パクっている……私はそんなことは言いませんけど、非常に参考にされている、研究されているなと実感していますので、先を行かないといけないのかなと」

様々な試行錯誤と、たくさんのメンバーの努力の積み重ね。その末に、いつも政治の世界で各社の追随を余儀なくされていたテレ東が、追われる立場にまでなりました。

もはや永田町で「12チャンネルさん」などと呼ぶ人もいないかもしれません。ヒトとカネが足りない、他局より劣っている、でもアイデアがあれば、逆境を跳ね返すことができる！

まさに「テレ東式」のサクセスストーリーがここにありました。

第3章

アイデアは、どこにでも転がる

トヨタの中国生産第1号車の発表会（2002年）

頭の中の〝釜爺〟に活躍してもらう

唐突ではありますが、〝釜爺（かまじい）〟をご存じでしょうか？

日本歴代1位の興行収入を誇る映画のキャラクターですので、覚えている方も多いでしょう。そう、宮崎駿監督の『千と千尋の神隠し』に登場するキャラです。

物語の舞台となる湯屋の最下層にあるボイラー室で湯を沸かし、薬湯を調合している老人が、釜爺です。ちょっとコワモテ、だけど千尋を助けてあげる、実は優しい人物です。

私は、番組の企画を考えたり、アイデアを考えたり、構成を考えたり、とにかく頭をひねらないといけないときに、イメージするのが、この〝釜爺〟です。「大久保は、なにを言っているんだ？」と思われるかもしれません。

釜爺は、自在に伸びる腕をなぜか6本持っています。この腕を駆使して薬湯の素となる薬草を、おびただしい数の引き出しから選んで、引っ張り出しては、絶妙に調合していきます。あのイメージで、考えるのです。

つまり、自分の頭の中で、釜爺が活躍するイメージを浮かべます。薬草の棚が脳味噌、引き出しは脳味噌のひだといったところでしょうか。

引き出しに詰まっている薬草がアイデアの素となる知識やエピソード、記憶です。おびただしい数の、重要だったり、どうでもよかったりする知識や記憶を、自在に伸び縮みする6本腕で引っ張り出してきて、調合、掛け合わせる。そうやって、あるときはみんながリラックスしたり、またあるときは心や体に効いたりする薬湯（アイデア）を作る、というわけです。

アニメついでにもう一つ。こちらも爆発的にヒットした映画『君の名は。』のプロデューサーを務めた川村元気さんの講演を聞いたときのこと。

ヒットの極意を、やはり「掛け合わせ」においているそうです。川村さんによると『君の名は。』の設定は現代とちょっと先の未来ですが、これに古典が掛け合わされているそうです。それが平安時代の『とりかへばや物語』。

なるほど、まさに男子と女子が入れ替わるのがドラマ性の大きな核になっていました。さらに川村さんは、恋愛のエピソードを練るときに「古今和歌集」など誰もが知る古典を参考にしているとも話されていました。そこには普遍性があると。

企画の原則の一つは、「普遍性×時代性」だそうです。おこがましいですが、「お、この掛け合わせ方、ちょっと似ているな」と感じた次第です。

というわけで、「釜爺になり、2つの要素を掛け合わせる」ということを、時には無意識に、時にはあざとく意識しながら、アイデアを生み出し、番組を作ってきました。

「農村少女×巨大企業トヨタ」の掛け合わせ

さて、当初は「別れの一本杉か！」と幹部に批判された「中国農村少女」も、その後、逆境を跳ね返して10年の長きに及ぶシリーズとなっていきます。その過程では、やはりこの「2つの要素の掛け合わせ」という極意がカギになっていたように思います。

「ガイアの夜明け」は2002年4月にスタートした半年後に、初めての2時間拡大スペシャルを打つことになりました。私は、ここぞとばかりに、「農村少女」の続編の構想を練り始めます。

あの壮絶な出稼ぎ行から半年、厳建麗はどうしているのでしょうか、まだちゃんと工場で働いているのでしょうか、河南省の寒村の妹たちに学費を仕送りできているのでしょうか……。だいたいのストーリーのポイントは見えていました。

ただ、半年という歳月はちょっと微妙で、2時間も持つほど劇的な展開があるとは思えません。

そこで、少しテーマ設定を広げて、当時、成長を始めたばかりの中国経済を俯瞰してみました。まだまだ知られていないことだらけで、「未知なる市場」とも言われていました。

さあ、ここから〝釜爺戦略〟です。私は頭の中の引き出しに手を伸ばしました。中国駐在時代の棚です。取り出したのは、あの巨大企業、トヨタ自動車の「中国初進出物語」でした。

現在の中国は、世界最大の自動車市場です。現地でのトヨタの販売台数は１２９万台（２０１７年）で、中国生産も１００万台規模です。ところが、２００２年当時はゼロでした。しかし13億人の人口を抱える中国市場が伸びることはわかっていましたから、トヨタも中国での自動車生産が悲願となっていました。

私が北京駐在をしている２０００年には、奥田碩会長（当時）が北京の隣の天津にやって来て、合弁会社を設立し工場を建設すると発表していました。

このときに、トヨタ広報部のＹさんと知り合い、天津の路地裏で火鍋をつつきました。そこで、工場の稼働は02年らしい、という情報を得ます。

私の頭の引き出しに「トヨタの悲願、２００２年」という項目がしっかりしまいこまれました。

取材を待ち受ける、数々のハードル

いよいよ、そのときが訪れようとしていました。しかし、相手は日本一の大企業、取材のハードルも非常に高いのです。広報のYさんにお願いすると、「農村少女と一緒のスペシャルですか……あまりに違いませんか？」と難色を示されました。確かにおっしゃる通りです。トヨタの中国進出だけでレギュラー枠の1本でももちろん十分成立します。

しかし、ここでひるむわけにはいきません。「大くくりで中国経済です。未知なる市場への挑戦がテーマです」と訴えました。「ガイアの夜明け」のコンセプトは、〝夜明けに向かって闘う人たちの物語〟です。中国市場の黎明期に挑む王者トヨタも、貧困から脱出するため世界の工場で挑む厳建麗も、コンセプトには合致するはずです。まったく異なるベクトルから、今の中国を重層的に描きたいのです。

しかも2時間スペシャルとなれば、より注目度も上がるはずです。Yさんに熱意を持って訴えかけ続けた末、ようやく納得いただけました。

が、また難題が……。

「トヨタではテレビ局1社だけを長期独占取材という形では受け入れたことがない」

これは広報部員と、いちディレクターの枠を超える話でした。高原ゼネラルプロデューサーに相談したところ、「よし、すぐ行こう！」ということで、早速、一緒にトヨタの名古屋本社に向かいました。Yさんの上司である中井広報部長に直談判したのです。

すると、「わざわざいらして、そこまで言ってくれるなら乗りましょう」と快諾してくれました。巨大企業といえども、熱意は通じるものです。

しかし、厚い壁はさらに現地に入ってからも立ちはだかります。ガイアでは現場で闘う主人公にスポットライトを当て、そこから企業の取り組みの全貌に迫るのが柱となりますが、その番組の根幹に関わる注文がついたのです。

「なぜテレ東だけなのか」

「トヨタは、誰か1人の力でクルマを作っているわけではありません。ですから、1人の社員をフィーチャーするのは難しい」

さすが何十万人もの従業員を擁する大組織、などと納得してはいられません。「生産現場のチームに密着する、自然の流れとしてそのチームのリーダーが存在感を発揮する」というシナリオを考え、説明しました。こちらも後に引けないので、根比べです。

すでに番組に理解をくださっていた広報のYさんの尽力で、なんとかその線でトヨタ社内をまとめてくれました。

このように、取材側の要望と、現場や上層部との狭間に立つのが、企業の広報担当者です。彼らの立場からすると、どんな番組が出来上がるのか、相当な不安があると思いますが、取材側にとっては頼みの綱です。

ただ、報道番組としては時には「問題」にも迫るわけですから、べったりした関係、あるいは上下の関係はいけません。その基礎は、信頼関係に尽きるのです。私の場合は、天津の火鍋をともにつついたところから、その構築が始まっていたわけです。

結果として、私たちは天津でトヨタの中国初挑戦となる自動車の生産から完成まで、約2カ月にもおよぶ密着取材を敢行しました。〝トヨタの匠〟と呼ばれる技術者と、〝七人の侍〟と呼ばれる販売チームを描くことに成功したのです。まさに、未知なる市場への挑戦の同時ドキュメントでした。

ちなみに、放送後にYさんから「なぜテレ東だけなのか、と他社さんからの問い合わせが殺到して困っている」と連絡がありました。

「苦しいお立場よくわかります」と答える他ありませんが、こちらとしては内心してやったりです。でも、この話にはさらに後日譚があり、Yさんは当時雲の上の存在のような名誉会長から番組について直々に、お褒めの言葉をもらったそうです。現場の努力は報われるものです。

涙があふれる手紙——農村少女、その後

一方、建麗のほうは、広東省の変圧器を製造する電機メーカーで、ペンチなどの工具を巧みに扱う工員として日々働き、故郷へ仕送りを続けていました。

故郷の河南省連山村は、トウモロコシなどの収穫期を迎えていました。しかし作業をしていたのは、お母さんとおばあちゃんだけ。お父さんは出稼ぎで不在でした。妹2人が学校から戻ってきます。建麗の仕送りでちゃんと通えていました。先に家に戻っていた母と祖母は、ある目的で2人の帰りを待っていたのでした。

早速、手渡したのが、建麗からの手紙でした。「早く早く。読んで」と母。実は、文字が読めません。おばあちゃんも同じです。村には文字が読めない人が多く、これが中国の農村の現実でした。

二女の玲玲が封を開け、読み始めました。手が震えています。

姉、建麗の手紙を読む妹の玲玲

「おばあちゃん、お母さん、お元気ですか。妹たちは、ちゃんと勉強していますか……」

込み上げる玲玲は詰まってしまいました。目は真っ赤です。それでも震える声で読み進もうとしますが、無理でした。手紙に大粒の涙が落ち、文字が滲む様子をカメラはとらえました。号泣です。お母さんも、おばあちゃんも、妹も……。

中国の成長の陰、取り残された人々の姿と、日本では忘れられてしまったかのような家族愛。何度見ても、涙があふれる、記憶に残る名シーンとなりました。現場を任った写真家でもあるエルデンダライ・アロハンDの渾身の取材でした。

この2時間スペシャルには、さらなる仕

掛けがありました。案内人の役所広司さんが万里の長城に向かったのです。誰一人いない、くねくねと長く続く長城の上を役所さんが一人セリフを語りながら一歩一歩上っていきます。

「かつて、豊田佐吉は言いました。『障子を開けよ、外は広い』……」

その姿を30メートルもあるクレーンカメラが撮影しました。今もドラマ制作を続ける田淵ディレクターのこれまた渾身の演出。とんでもないスケールでした。

現在ではおそらく許可が下りない撮影です。これも、あの私の老朋友（ラオポンヨー）がパイプ役となり実現したものでした。中国ではやはり、「持つべきものは老朋友」です。

このスペシャルは２００２年10月６日の夜９時から２時間にわたって放送されました。視聴率は番組開始から半年にして初めて５％を超えました。

中国・不動産バブルの混乱で、なぜか拘束される

農村少女の第3弾が、2年半後の２００５年。「農村の少女が見つめた本当の中国」です。建麗が、ついに河南省の連山村に里帰りする様子を追いました。このときは1時間半の拡大スペシャル。もちろん〝釜爺戦略〟で、掛け合わせました。

それが不動産バブルです。私の頭の引き出しには、この少し前にＷＢＳで放送された上海

レポートが記憶されていました。マンション販売に長蛇の列ができているというものでした。「おっ、とうとうこんなことが起きるようになったのか」と驚いたので、印象に残っていたのです。今や北京や上海には東京を超えるような摩天楼が立ち並びますが、その発端ともいえる動きでした。

早速、現地に飛ぶと、とんでもない状況でした。「ザ・上海」の映像として使われるビル群の手前を流れる黄浦江、そのリバーサイドのマンション販売会は、何千人もの大行列でした。割り込もうとする輩もいて大混乱。警察も出動する騒ぎで、

「おい、何を撮ってるんだ！」

現場で撮影していた私たちも拘束されてしまいました。緊迫の瞬間です。

しかし撮影許可は取っていたので、優秀なコーディネーターが説明をして、すぐに放免となりましたが、「この現場から、さっさと離れろ」とのこと。これも中国取材のリスクです。

上海取材からほうほうの体で逃れ、浙江省の温州に飛びました。温州人は商才に長けているとされ、このときはマンション売買でその名を轟かせていたのです。

彼らの「マンション集団購入ツアー」に密着しました。これがまあ、凄まじかったのです。北京に飛び、マンション販売展示場を渡り歩いては、売り手側に要求に次ぐ要求で値引きを

迫り、叩いたところで即決して手付金を入れていくのです。

価格は、日本円にして３０００万～４０００万円の物件です。どこからその資金が出るのか、聞いてもはぐらかされてしまいましたが、都市部の人間はこんなに資金力があるのかと驚くばかりでした。

ちなみに、彼らが買った不動産の現在の価格は、おそらく10倍近くになっていると見られます。

農村少女の故郷にも、成長の波が

一方、建麗はというと、広東省の同じ工場で働き続けていました。もう中堅どころです。昼休み、同僚と並んで歌を歌っています。「明日はもっと良くなる」という当時の流行歌でした。昨日より今日、今日より明日のほうが良くなる、まさに高度経済成長の中国は希望に溢れていたのです。

建麗がいつになく陽気だった理由が、間近に迫った里帰り。丸３年経って、初めて実家に戻るのです。今度は、指定席券を手に入れていました。

実家に戻ると、お父さんは出稼ぎ先から戻れておらず、女５人での春節。爆竹を鳴らして盛り上がりました。

驚いたのは翌日のこと。村の中心部に建麗とお母さんがあるものを見にいくというので、ついていくと、そこは商店街の中の一角の更地。「買おうかと思って」とお母さん。なんと、建麗やお父さんの出稼ぎで得た資金で、不動産を購入しようとしていたのです。「店でもやろうかと」。貧困にあえぐ農村少女と一家にも、中国の成長の波が到達しようとしていました。

金持ちと、農村少女というまったく異なる立場から中国を描いたこの回の視聴率は最初の放送の、ちょうど2倍にまでアップしました。さらにうれしいことに、民間放送連盟賞テレビ優秀賞も受賞できました。

この農村少女・建麗の物語はその後、姉妹のドラマチックな展開もあり、福田一平Pが目指せといった『宋家の三姉妹』ばりにシリーズとして続きました。

6年のスペシャルでは、建麗は工場の同僚と結婚して、広東省に立派なマンションを購入していました。母と姉妹が身を寄せてきた一方で、おばあさんは一人で農村に残るという、何とも言えない状態に。都市と農村の格差は広がるばかりでした。

2012年には「農村少女とトヨタの10年」。トヨタの中国進出のその後とともにスペシャル番組として放送しました。このとき、建麗の姿は工場にありませんでした。夫が事業をするために故郷の湖北省に行ったのです。消息を追っていたアロハンDのもとに一通の手紙が送られてきました。「元気にやっています」という建麗からのものでした。かわいい女の子の写真も同封されていました。娘さんでした。

実に10年の長きに及ぶ、中国農村少女の物語はここでジ・エンドとなりました。中国が経済大国へと駆け上がっていく激動の時代を生きたひとりの農村少女。日本の高度成長時代を彷彿させた出稼ぎ列車の少女は、世界の工場の担い手となり、大人になり、恋をして、結婚し、マンションを購入、母となりました。

ガイアの初回作の企画で悩んでいた私が、桐野夏生さんの連載小説から着想したアイデアがここまでの大作になろうとは、まったく想像もできない展開でした。

2018年、最後のスペシャルから6年が経ち、中国経済は2002年当時とは比べ物にならないほど巨大化しました。GDPは実に8倍です（名目、ドルベース）。日本との関係性もだいぶ変わった印象です。

今でもたまに、建麗はどうしているかなと思い返します。ひょっとしたら今頃、事業で成功を収め、旅行で来日して、銀座で買い物をしていたりするかもしれませんね。

北朝鮮に潜入、ついに高視聴率を叩き出す

さて、釜爺になっているのは、もちろん私の頭の中だけのことですが、他のスタッフも2つのことを掛け合わせて傑作を生み出しています。特に、「ガイアの夜明け」の歴史に燦然と輝くのが、野田ディレクター（現在のガイアCP）が生み出した「潜入！　北朝鮮　経済崩壊？　〝闇の隣国〟」です。放送開始から2年目の2003年6月、視聴率で苦戦が続く中、いきなり10・5％という高視聴率を叩き出しました。

今も謎の国、北朝鮮ですが、当時はさらに謎な状況でした。潜入するだけで価値がある取材でしたが、野田Dの取材はプラスアルファで独自性がありました。

当時は、金正日総書記の時代。大きな飢饉もあり、国家が破綻の淵にあるとの報道が、わずかながら漏れ出た映像をもとになされていました。

そこへ、経済視点からなんと〝北朝鮮商社マン〟に密着したという極めて異色のドキュメンタリーでした。放送の概要は以下の通りです。

「日本で売られている、1着1万円未満の格安スーツ。生産地としては中国がよく知られているが、実は北朝鮮でも生産され、日本に輸出されている。

首都・平壌の北朝鮮商社で働く李徹龍さん（32歳）は、日本向けスーツの輸出を担当する商社マン。去年の経済改革以降、工場の『もうけ』を増やすため、新たな取引先を探していた。しかし、北朝鮮から一歩も出たこともなく、日本市場を知らない李さん。さらに核問題・拉致問題で北朝鮮との取引は敬遠され、ビジネスの環境はますます悪くなる一方だ。

そんな中、京都のある着物業者から刺繍の注文が舞い込む。李さんは自らの判断で工場を動かし、サンプル品の製作を始めようと奔走する。李さんは、果たして外国企業を相手にできる『普通の商社マン』になれるのか……。一人の商社マンに密着しながら、北朝鮮の経済改革の行方を占う」

ここまで等身大の北朝鮮経済と、北朝鮮の国民、しかもビジネスマンを描いた取材、番組はありませんでした。だからこそ、大きな注目を集めたわけです。

「番組の壁」を超える

このときの野田Dも、私からすると「釜爺」です。そもそも野田Dは、「ガイアの夜明け」のレギュラースタッフではありませんでした。担当はWBS。その企画取材で、定期的に北朝鮮ものを手掛け、〝引き出し〟がたくさんになっていたのです。

それをガイアに売り込むと、プロデューサー陣から「ぜひやってくれ」となったのでした。この〝番組横断〟もミソです。大きなテレビ局では番組間の壁は思いのほか高いとされ、これは読者の皆さんの会社も大小の差こそあれ、同様ではないでしょうか。そこを当時のテレ東報道局は、ひょいと乗り越えたわけです。

この北朝鮮企画は、「釜爺」的に言うと、掛け合わせの妙も抜群でした。まず「北朝鮮×経済」です。北朝鮮といえば、拉致問題、食糧不足、核開発などにテーマが限られ、リアルな経済実態は意外性がありました。

しかも何度も言いますが、「北朝鮮×商社マン」です。社会主義の北朝鮮に、商社なるものが存在することがまずもって驚きでしたが、そこの社員が日本の企業と割と普通に取り引きをしていて、日本で売っている激安スーツが実はそれだった、というのですから、大きなインパクトがありました。

詳しく教えてはくれませんでしたが、野田Dの〝潜入〟には〝パイプ役〟がいました。私の農村少女の〝老朋友〟と少し似ている状況だったかもしれません。

現在、そのパイプが機能することは難しそうですが、その後の北朝鮮商社マン、李徹龍さんがどこで、何をしているのか、大いに気になるところです。

「ありきたり」を回避する視点

とは言うものの、ガイアの主戦場は日本であり、身近な取材先が圧倒的に多いです。よく知っている、何となく知っている企業やサービスの舞台裏に、視聴者の方々の関心度が高いのは当然だからです。

しかし、よく知られているものこそ視点が問われます。ありきたりや、何となく知っていることをなぞる番組では期待に背いてしまいますし、経済報道を看板に掲げている番組の沽券に関わります。

掛け合わせの妙では、野口Pが手がけた「商店復活の仕掛人・松下と楽天」（2005年6月放送）も、「なるほど、そうテーマを切るか」と印象に残る作品です。

インターネット通販で急成長し始めた「楽天市場」を取り上げると最初に聞いたとき、パソコン画面の中だけなのにテレビ的に面白いのかな？と思っていたからです。野口Pの著書『「兆し」をとらえる』（角川新書）にこうあります。

「仮想商店街として急成長していた楽天ですが、今ひとつ取材の切り口が見いだせずにいました。打開のきっかけは、一つのエピソードを聞いた時のことです。これが〝兆し〟となりました。それは、廃業寸前だった『ところてん屋さん』が楽天の仮想商店街に出店したところ、急激に売り上げが伸び、店も息を吹き返したというものです。……私は、このエピソードから発想し、『小さな商店を復活させる・支援する』というテーマで、他の企業を探し始めました。すると、パナソニックが系列の家電販売店（いわゆる街の電気屋さん）をいろいろな方法で支援していることが分かりました。それを深掘りすることによって、『商店復活の仕掛け人』というテーマで楽天とパナソニックを取材しました。」

これ以降、ネット通販の勢いは止まるところを知らず、ガイアに限らず様々な番組で取り上げる機会も飛躍的に増えました。それぞれの取材がパソコンの画面だけで完結せず、リアルをうまく掛け合わせるのが今や常道となっていますが、この手法はガイアの「楽天」放送回がかなりの先駆けだったと思います。

第4章

あえて不得意に挑戦すると、いいことがある

東京で講演するジム・ロジャーズさん

ニュースを「先回り」するが戦争は……

「ガイアの夜明け」のディレクターは、だいたい3〜4カ月に1本のペースで制作することが求められます。実感としては、次から次へやらなければ……という強迫観念がありました。

私は中国ネタでは、頭の中の引き出しをうまく活用して、それなりにやっていけるという自信を持ちましたが、毎回、中国をやるわけにもいきません。なにか自分なりの得意分野をもう一つ作りたいと思いました。が、そんな引き出しはそう残っていませんでした。

そんな頃、プロデューサーたちから「ニュースの先回りをしたらどうか」という提案がありました。ニュースの先回り。これから起きるであろうことを予期して、それが実際に起きたタイミングで放送すれば、インパクトがあるのではないかということでした。

確かに、ニュースにも「恒例モノ」があり、たとえば、政府の予算編成は毎年、年末に必ずニュースとなります。年明けなら、デパートの初売り、福袋は必ず話題となります。そう考えれば、幅は広がります。実際、この提案のもと成立した「福袋の争奪戦」は、好結果を残しています。

〝恒例モノの先回り〟はガイアの安定的な鉱脈となりますが、私はより硬派なニュースの先回りをやってみたい、と思いました。世の中の人たちが関心を寄せる同時進行中のニュース、どう転ぶかわからない事態のちょっとでも先を読んで、現場に同時密着してみたい、という思いです。

２００３年1月、世界がざわついていました。アメリカが、フセイン大統領率いるイラクを攻撃するかどうか、国連などを舞台に駆け引きが激しくなっていたのです。イラクが大量破壊兵器を隠し持っている、ブッシュ米大統領がそう主張して、同調する仲間の国を募っていきます。

ガイアの企画会議では、「これはテーマだ」と盛り上がりますが、そもそも本当にブッシュ大統領が攻撃をするのか、当時はさすがにできないだろうという予測が大勢でした。しかも「戦争」をテーマに経済ドキュメント番組を作れるのか、具体論になるとどうしても尻すぼみとなっていました。

戦争や国際政治を追いかけてはストレートすぎます。ニュースの延長線上になってしまい、それは毎日のニュース番組の領域です。経済の事象で何かないか……。

思案し続けて、私はこう提案しました。

「〝有事のドル買い〟でやりませんか」

何か世界的な事件や事故が起きたときには、資金の安全な逃避先としてドルが買われ、ドル高が進むのです。かつて例えば、「天安門事件」の際にも一時10円ほどもドル高が進みました。〝有事のドル買い〟と呼ばれます。

今回は有事ですが、そもそもアメリカが仕掛けた戦争となった場合、アメリカドルはどう動くのか。〝有事のドル買い〟を検証するという視点で提案したのです。

あえて飛び込む――門外漢が制作するから、わかりやすい

実は、私は金融はまったくの門外漢。経済部に在籍したこともありません。そんな人間が、ドル、為替です。「お前が？」といった表情の先輩、同僚たち。よくわかります。ただ、「ガイアの夜明け」は、「経済」が看板の番組です。どうせやるなら、経済の中核というか、王道のテーマにあえて飛び込んでみようと、漠然と意識していました。それでよく知りもしないのに、〝有事のドル買い〟とぶち上げたのです。

さらに提案を続けます。

「世界4元同時密着ドキュメントで行きましょう。金融の中心、東京、ニューヨーク、ロンドン、それにどこかもう1都市で投資家に密着します。戦争の裏側でドルがどう変動するのか、戦争という有事に冷徹に動く国際金融の実態を明らかにしましょう」

これに、高原ＧＰが持ち前のしゃがれ声で、一言。

「面白そうじゃないか」

ニュース先回り企画に、ゴーが出ました。

この「あえて飛び込む」為替チャレンジは、その後、さまざまな人と出会い、予想を超える展開をして行くこととなります。

企画は通ったものの、自分の頭の中に「ドル円」「為替」の引き出しはありません。さて、どうするか。当たり前ですが、引き出しを作るしかありません。

まずは書店に向かいます。本で基本の勉強です。簡単な入門書を数冊買い、読み込みました。そうか、為替の場合は、〝ポジション〟というものがあって、「買い」だけじゃなく、「売り」から入ることもできるのか……といった具合です。

並行して、新聞の過去記事を検索します。会社で加入している「日経テレコン」を使い、過去の〝有事のドル買い〟のニュースをおさらいしました。

ある程度、基礎知識を叩き込んでからは、専門家にアタックです。聞きたいポイントは、「もし開戦となったら、ドルはどう動くと予想するか？」「テレビ取材の主人公としてふさわしいのはどういう人、機関か？」といったことでした。

為替に詳しい金融機関の方々にアポイントをお願いしていくのですが、予想外にも、皆さん快く相談に乗ってくれます。

幸い、テレビ東京は、ＷＢＳやモーニングサテライトで金融ニュースを手厚くやっていますので、この分野では関係する方が多く、絶大な信頼を得ていたのです。もちろん、「日経スペシャル」という日経新聞のブランド力も効きました。これまで経験してきた、政治や中国などの現場で受けた反応とは違っていたので驚きましたが、築き上げられた信頼、関係性の威力を知りました。

こうして事前の基礎取材を進めると、求めていたものに行き当たりました。

「〝伝説の為替ディーラー〟と呼ばれる日本人がシンガポールにいますよ」

ある為替専門家の方と会話している中で、こんな話が出てきたのです。

その瞬間、レイバンのサングラスをかけた伝説の為替ディーラーが、東南アジアの密林のアジトでハンモックに揺られながら、インターネットを駆使して為替取引を繰り返している……そんな妄想が浮かんでいました。

すかさず、「ぜひご紹介ください！」と頼み込みました。

伝説の為替ディーラー

その伝説の為替ディーラーはチャーリー中山さん。本名は中山茂さん。なんと、以前にチャーリーさんをモデルにした小説が出版され、その小説をもとにしたテレビドラマまで作られていました。小説は、『8割の男』（大下英治著）。ドラマはジュリーこと沢田研二さんが主演のチャーリーさん役で、彼女役が佳那晃子さんという豪華キャスト。東京外国為替市場で「勝率8割」を誇ったディーラーの物語でした。

シンガポールにいるチャーリーさんに電話をかけ、なんとか取材に応じてもらえることになり、早速、現地に飛びました。

実際のチャーリーさんはジュリーに似ているわけではなく、為替取引の舞台も、密林のアジトなどではなく市内の自宅マンションの一室。取り引きに使うのはアナログ電話。最初の妄想とは若干異なっていましたが、それはそれです。

24時間世界のどこかで取り引きが行われているのが外為市場。チャーリーさんは深夜も値動きを示すロイターの画面と向き合い続けていました。

今回の「戦争と為替」企画はチームが組まれました。WBS出身の野口Dが東京で為替に強い「みずほコーポレート銀行」を、小林史Dがロサンゼルスでヘッジファンドを、それぞれ密着取材することになり、東京、LA、シンガポール3元取材となったのです。タイトルは、野口Dが発案した「ドル攻防24時」に決まりました。なかなかカッコいいタイトルです。

そして2003年3月20日。アメリカはイギリスなどと有志連合を組み、イラクへの空爆を開始、ついに戦争になってしまいました。

ドルは、やはり激しく変動しました。円に対しては、1ドル＝120円を挟んで2円の幅での上がり下がり。

東京のみずほコーポには、顧客からの注文が殺到し、LAのヘッジファンドは〝有事のドル買い〟に動き、5000万円の儲けを叩き出します。

一方、シンガポールのチャーリーさんは、開戦で一瞬ドタバタしたものの、「じたばたしない」と取り引きはしませんでした。

結局、かつてほどの〝有事のドル買い〟とはなりませんでした。多額の戦費を使うアメリカの財政が悪化すると見られたため、アメリカの通貨・ドルを不安視する動きも出たためです。

しかし、私たちは戦争の裏側で、リアルタイムで動く経済の動きを生々しく描くことができました。

ジム・ロジャーズさんの先読み力！

まったくの門外漢が、「金融」の世界に「あえて飛び込む」ことで、新たな領域を開拓でき、次につながりました。何より、お金の動きは面白いと感じられたのです。そして次なる〝金融〟企画に挑みました。

それは、週末に友人宅を訪問して何気なく日経新聞の夕刊を眺めていたときにひらめきました。ふと目に止まった「カリスマ投資家伝説」なる大仰なキャッチコピー。それは投資家向けセミナーの広告で、セミナーのゲストとなるカリスマ投資家が、ジム・ロジャーズさんでした。

チャーリーさんのような〝大物投資家〟に密着して、強い印象を受けていたので、「カリスマ投資家」のコピーが引っ掛かったのですが、ジム・ロジャーズさんは、私の頭の引き出しにしまわれていた存在でもありました。

それは、「ガイアの夜明け」がスタートした2002年に放送された「検証・アメリカ市場――揺らぐ経済大国はいま」。ジム・ロジャーズさんが登場して、「この20年間、原油も金も安すぎた。これからは〝商品〟の時代が来る」と語るのです。

私は「商品の時代⁉」でした。いわゆるコモディティと言いますが、それが投資の対象になることすらよく知らなかったのです。それでも妙な引っ掛かりがあったので、後日、取材したテレビ東京アメリカの大信田総局長に、「あの話、本当ですか？」と聞くと、「アメリカではテレビにも出る有名人で、商品は注目され始めている」とのこと。こうして、〝引き出し〟にしまわれていたのです。

ちなみに金の価格は、放送した2002年の当時で、300ドルくらいだったものが、ピーク時の2011年には1800ドルまで上昇しています（ニューヨーク金市場）。ジムさん、何という先読み力でしょう！

というわけで、「カリスマ投資家伝説」です。早速、行動あるのみです。セミナーを主催する「パンローリング」という会社に電話して会いにいきました。

同社は投資に特化した出版社で、訪ねるといきなり社長が出てきて、「いやあ、私は出口さんの後輩なんですよ」。つながるものです。出口くんは私のテレビ東京の同期社員。ラッキーでした。取材への全面協力を取りつけることができました。

カリスマ投資家×デイトレーダーの企画

幸先が良いのは、番組としても良い兆候。その後も、ジムさん本人の東京での密着取材、さらにはニューヨーク・マンハッタンの自宅取材と、トントン拍子でOKを取りつけることに成功します。

ジムさんはかつて著名投資家ジョージ・ソロス氏と組んでいたほか、バイクと車で世界一周冒険旅行を2回も成し遂げ、その見聞から「商品の時代の到来」を予測したことで有名でした。ですが今回は、そんな冒険旅行の密着取材ではありません。「ガイアの夜明け」1本分をジムさんだけで作れるか、自信がありません。

これは掛け合わせだろうなと、さらなるネタ探しです。まずは資料集めの基本である新聞、雑誌にあたります。金融、投資となると、当然頼りになるのが日経グループ。目に留まったのは、「日経マネー」という投資雑誌の記事でした。個人投資家の特集で、「デイトレーダー」なるものが紹介されていました。

写真には、2つの大型パソコン画面を見つめるひとりの若い男性の後ろ姿。HANABIというニックネームのこの男性は、1日に何回も株の売買をして利ざやを稼ぐ、とあります。

しかも1億円ほど利益を出しているとのこと。

かなりびっくりしました。今では、当たり前のデイトレードですが、個人がこのようにネットを駆使して超短期トレードをするのは、一般にはほとんど知られていないというか、まさに始まったばかりの頃だったのです。

もちろん何も知らない私でしたが、その1枚の写真のちょっとした異様さに引きつけられ、日経グループのよしみで、「日経マネー」の担当者からこのデイトレーダーの紹介を受けたのです。

こうして、われながら面白い掛け合わせが生まれました。片や20年のロングスパンで世界の投資の潮流を見極める〝伝説のカリスマ投資家〟、片や1日の超短期スパンの若きデイトレーダーです。

実際の取材では、ジムさんは、当時まだ「危険な場所」とされていた東京・歌舞伎町をぶらつきながら、「何も起こらないじゃないか」とつぶやきます。投資と危険なところの関係とは？

「危険なところは誰も行かないし、誰も投資しない。だからすべてがとても安い。そこへ行ってもう危険じゃないと確かめて、投資するんだ。他の人が危険ではないと気づく前にね」と、

〝逆張り〟投資の極意を語ったのが印象的でした。

一方、HANABIさん。マンションの1室で、瞬時のうちに株の売り買いをする1日に完全密着。1億円の札束を抱える写真も見せてもらい、放送でも使いました。インパクトがありました。さすがに身辺に危害が及ぶとまずいので、顔にはモザイクをかけました。他にも、投資熱をあおる番組になってはいけないと気を使うなど、さまざまな苦労はあったのですが、デイトレーダーの実態をここまで明らかにしたのはおそらく初めてだったようで、放送後かなりの反響がありました。

意外な反応として、別の企画で取材した家電販売会社の値付け担当者のものがありました。あのデイトレーダーが大きなパソコン画面を2つ並べて、1秒を争いながら情報や値動きを逐一チェックし続けていたのを真似して、家電の値動きをチェックするようにしたそうです。その上で価格を決定すると、「価格ドットコム」の最安値ランキングの上位に登場できるようになったということでした。テレビでこんなインスパイアのされ方もあるんだと、驚きました。

リーマンショックも先回りした「マネー動乱」

「金融」「投資」「相場」という、ちょっと難しそうな、縁遠いような分野が、「投資家」という〝人〟を通して見ると、意外にダイナミックで面白いことがわかりました。そして「あえて飛び込む」ことで頭の中に蓄積された、この引き出しはその後、世界の金融市場が崩壊へと向かっていく中で、さらに生きることになるのです。

それが、シリーズ企画「マネー動乱」です。私はプロデューサーになってから、このシリーズを立ち上げ、定期的に放送していきました。

きっかけは、2007年8月中旬の世界同時株安です。アメリカの低所得者向け住宅ローン、「サブプライムローン」の焦げ付きに端を発する金融動乱の始まりでした。こういうときは一気呵成です。アメリカで取材対象者のOKが出るや、中国〝毒もやし〟の取材・放送を終えた当日の宮崎Dをつかまえ、「すぐにアメリカ取材に飛んでほしい」とお願いしたのです。

それが、第1弾となった「マネー動乱　サブプライムショックの真相」（10月9日）に結実しました。

以降、〝100年に一度の危機〟と呼ばれる本丸、リーマンショックを先取りしつつ、「マネー動乱」のシリーズは、以下のように続いていきました。

08年3月「第2幕――中国バブルの行方とオイルマネー」。これはチャイナショックと呼ばれる中国発の暴落連鎖を追うとともに、その動向が注目されていたオイルマネーの中核・サウジアラビア取材も敢行。投資家としても有名なアルワリード王子の独占インタビューに、金山Dが成功しました。

08年11月「第3幕――世界金融危機の真相」。主題はリーマンショックです。野田Pのもと、アメリカで真相に迫るとともに、日本で意外なあおりを受けた「京品ホテル」の労使騒動に密着取材しました。

09年9月「第4幕――リーマン破たんから1年 金融暴走の果て」。リーマンショックの1年後、動乱の余震が続くアメリカでは、銀行に対する不満からデモが起き、その現場を進藤Dが追いました。日本では、サブプライム債が組み込まれた金融商品を、よく説明もされず購入していた個人投資家の被害が続出、売った側の証券会社を直撃しました。

10年7月「第5幕――世界マネー 次の標的」。金融不安はアメリカからヨーロッパに飛び火。ギリシャ、そしてスペインが標的となっている実態を取り上げました。ギリシャ危機に端を発する欧州危機は、翌11年に大問題となるので、これまたかなり先回りしていました。マネー動乱は、視聴率も8％を超えましたから、硬派のテーマでなかなかの健闘だったと思います。

わけもわからず飛び込んで、途中から時代の潮流にも乗る形でしたが、まさかここまで続けられるとは想像もしませんでした。あえて飛び込んでみるものです。

キャスティングに悩み、眠れない新米ＣＰ

２００２年にスタートした「ガイアの夜明け」は、これまでお伝えしたような紆余曲折を経ながらも世間の認知度も上がり、視聴率も上がり、評価も上がっていきました。本書冒頭でも紹介した通り、案内人の役所広司さんが、「ガイアのおじさん」と呼ばれるようにもなりました。

制作陣にとって大きかったのは、企業の広報担当者に取材依頼する際、当初は「ガイア？何ですか、それ？」という反応が常だったのが、「ガイアさんですね。よく見ています、いい番組ですね」と異口同音に前向きに応対していただけるようになったことでした。そうなると話が早い！　番組作りにとって大きな進歩でした。

「ガイアの夜明け」が名実ともにテレビ東京の看板番組のひとつへと育っていた09年、個人的に大きな節目を迎えました。当時の加増ＣＰ（チーフ・プロデューサー）が昇進のためガイアを卒業し、私がその役割を担うことになったのです。

スタート時からのスタッフは、私を残していなくなっていたので、流れからいけばそうなるだろうと予期はしていました。が、いざやってみると、これが思いの外、大変でした。

最初の難題が案内人の交代でした。スタートから7年を超え、「世代交代」というテーマが降りかかってきたのです。役所さんのお陰でようやく定着してきた番組です。なかなかあれだけの大物の後釜は思いつきません。キャスティングはテレビマンの醍醐味のひとつとされますが、そんな悠長なことを言っていられる余裕など、新米ＣＰにあるはずもありませんでした。

看板番組の、さらなる看板となる「案内人」です。社内のいろいろな立場の人が、いろいろな意見を言ってきます。

「やはり大物の演技派だろう」「いや、思い切って若返りを図ったほうがいい」「少しコミカルな親しみやすい人がいいのでは」「○○さんに口をきいてやろうか」……。

どの意見もごもっともです。報道畑の人間なので、芸能プロダクションとの付き合いもほばありませんでしたし、どう話をすればいいのかもわかりません。本当に参りました。悩んで悩んで、生まれて初めて、夜、眠れなくなりました。

江口洋介さんに飛び込む

それでも徐々に方向性は固めました。見応えに定評のあるガイアのVTRパートへといざなう役目として、やはり案内人には演技が必要だろうし、ソフトもハードもできる役所さんのような二枚目路線という方向性でした。世代交代がテーマだったので、一回り若い男優を検討することにしました。

そして、裏番組とのかぶりや、抱えているスケジュールなどを勘案しつつ、ようやく2人の候補者が出揃いました。

私が推した江口洋介さんと、もう1人、同世代の男優でした。

なぜ私が江口さん推しだったかといえば、以前から好きな俳優だったという個人的な理由もありますが、テレ東とのミスマッチ感にインパクトがあるのではないかと思ったからです。

そもそも役所さんの起用がインパクト大でしたから、二代目も「ほう、そう来たか」という線を狙いたいと思っていました。

江口さんといえば、それまでテレビ東京に出演したことがなく、フジテレビの輝かしいドラマのイメージが強烈にありました。90年代に「東京ラブストーリー」や「愛という名のもとに」などのロン毛のかっこいい「あんちゃん」役から、その後は、「救命病棟24時」「白い巨塔」などでの誠実な医者役もきまっていました。

そして、その頃に話題となった映画『闇の子供たち』（阪本順治監督）を見たのが私にとって大きな決め手となりました。この映画は、アジアの幼児人身売買の闇の実態を描いたとても硬派なテーマで、江口さんは、問題を追及する新聞記者役でした。それまでにない、シリアスな演技が印象に残っていたのです。

もうひとつ言えば、森高千里さんとの家庭を大事にしている好イメージもありました。

「江口洋介さんで行きたい」とスタッフに宣言しました。候補者が2人いましたが、ここは多数決で決める場面ではないと判断しました。

「そもそもテレビ東京に出るかね？」。そんな声も当然のごとくあがりました。

「当たってみるしかないでしょう！」。簡単に蹴られるかもしれませんが、あえて飛び込むしかありません。

そこから丸一日かけて手紙を書きました。江口さんと、所属事務所の社長に宛ててです。

「ガイアの夜明け」2代目案内人の就任会見に臨む江口洋介さん

「あんちゃんから、『闇の子供たち』まで、江口洋介の幅の広さがこれからのガイアの夜明けに必要です」といった、ある意味、ラブレターです。

出演交渉というのは、通常、担当マネージャーに電話して確認するところから始まるものなのですが、そもそもテレビ東京に出演実績がなく、担当マネージャーとのパイプもありません。そこで、こちらの熱意と誠意を伝達する方法として、表玄関から、しかもアナログな手紙を選んだのです。

すると数日後、事務所の社長から「会いたい」と連絡がありました。事態が動きました。早速、事務所を訪ねて、社長と江口さん、こちらは飯田センター長と、私の4人で対面と相成ったのでした。

江口さんは、あのかっこいい感じですが、シャイなのか、無骨な感じもしました。そしてボソッと。

「手紙を読みましたよ。ありがとうございます。役所さんのあと、どこまでできるかわかりませんが、やらせていただきます」

会社に戻って、急ぎガイアのスタッフに集まってもらい報告しました。

「お待たせしました。決まりました」

「やったね！」みんなが拍手をして盛り上がってくれました。ガイアの夜明け二代目案内人、決定です。

その晩、家のベッドに横たわって、一息つくことができた私は、久しぶりに、ぐっすり眠ることができました。

江口洋介さんは、２０１０年1月からガイアの二代目案内人となり、自分の足で現場に出る、という独自のスタイルも生み出しながら、今も、毎週出演いただいています。

15周年パーティーの挨拶では、「毎回大変ですが、２０２０年の東京オリンピックまでは頑張ります！」と力強く宣言していました。今後も乞うご期待です。

第 5 章

なぜ番組はスランプになったのか

「ガイアの夜明け」と激安スーパーの関係は……

毎週のラインアップは、こうして決めている

最初の関門はクリアしたものの、チーフ・プロデューサー（CP）の行く手には、大変な重圧のかかる局面がまだまだ横たわっていました。番組の舵取り役です。方向性を示して、百戦錬磨の制作者集団を導かなくてはなりません。そこで重要になるのが、「心を予測する」ことです。

取材先の人たちと話していて、よく聞かれることがあります。

「毎週の放送の内容をどうやって決めているんですか？」

そう、それを決めるのがCPの役目です。最も重要かつ大変なのが、毎週やってくる放送回のラインアップを決めていくことなのです。その手順としては、だいたい次のようになります。

① 制作スタッフ（局内ディレクターがだいたい7～8人、さらに制作会社が7～8社）が、定期的に企画書をプレゼン、それらをプロデューサーが中心となって検討、判断し、決定する

② ＣＰ（チーフ・プロデューサー）、あるいはＰ（プロデューサー）が自分の持ちネタ、考えた企画をスタッフや制作会社に提案して、決定する

決定に際しては、以下の観点から総合的に判断します。

- 経済番組としてタイムリー性があるか
- 話題性があるか
- 伝えるべきテーマ性を備えているか
- 共感を呼ぶものか……などなど

ちなみに元ガイアＣＰの野口雄史さんは、ガイアについての著書で、次のように述べています。

「この企業を、この人を取材すると面白くなる可能性がある、そしてそこに、伝えなければならないテーマやメッセージ性がある、というのが企画書を書く上で、企画を通す上でとても大切です。世の中にとって重要なテーマになるという〝兆し〟をとらえて取材に動かなければなりません。」（『「兆し」をとらえる』）

しかし、長年にわたって、毎週毎週、1年間に50本ほどを放送し続けるわけですから、毎回をバラエティに富ませながらラインアップし続けるのは並大抵のことではありません。

そして……、長寿番組と言われる「10年」の節目が見え始めた2010年頃から、何となくガイアの勢いが鈍ってきました。

ガイア、10年目の不振

予兆はありました。2008年10月のリーマンショックです。〝100年に一度〟とも呼ばれた未曽有の世界大不況。もっとも、その発生前後に私たちは、「マネー動乱」というシリーズを組み、ここぞとばかりに総力を挙げ、「暴落」の兆候と、その現場をワールドワイドに追跡して好評を博していました。

ところが、その大動乱の時期が過ぎてからが、実は危機でした。

日本経済は、翌2009年以降もV字回復へ向かうことはなく、リーマン危機前の水準に戻れませんでした。停滞感がみるみる広がっていきました。一方で、お隣の中国は、有名な4兆元（約60兆円）もの巨大経済対策を打ち出し、「世界経済を救う存在」ともてはやされました。明暗くっきりです。ますます日本が意気消沈していく、いやな雰囲気が漂っていました。

テレ東社内には、「経済番組は好景気のときは視聴率が上がり、不景気のときは低迷する」というジンクスのようなものがあります。ちゃんと確証をとったわけではありませんし、自分の責任を回避するつもりもありませんが、ガイアの勢いの鈍化は、こんな外部環境下で進んでいました。

やがて、ＣＰである私はラインアップ作りに苦慮し始めました。勢いのある企業が少なく、リストラが話題となるような経済状況です。必然的に、伝えるテーマは、夜明けに向かって、「もがき苦しむ人たち」の物語が多くなっていきました。仕方ありません。経済のリアルを直視し、伝えるのが役目の番組なのですから。

ただ、視聴率は正直でした。こう言っては語弊があるかもしれませんが、暗い話なんか観たくない、と思う人が多かったのだと思います。「厳しいときこそ明るい話を」、そういった視聴者の心理を読み解く、つまり「心を予測する」ことも求められていました。

そんな中で見出した、手応えがあったテーマが「激安」です。財布のヒモが固く、厳しくなった庶民の心を摑むのが激安ネタだったのです。その頃のラインアップを振り返ってみましょう。

「1000円高速への逆襲～バス・新幹線の新サービス合戦」（2010年1月12日放送）
麻生太郎政権が打ち出した景気浮揚策のひとつ、どこまで乗っても「1000円高速」とともに、長距離バス業界で価格破壊を仕掛けていたバス会社「ウィラー」などを取り上げました。

「シリーズ〈デフレと闘う！〉第1弾　スーパー特売品の攻防」（同年1月19日放送）
1丁38円の豆腐業界、1パック50円の納豆業界の裏側を取材しました。

「シリーズ〈デフレと闘う！〉第2弾　売れない時代に売る極意」（同年1月26日放送）
激安の潮流の中で、価格にとらわれず特徴的な品揃えで勢力を伸ばしていたスーパー「北野エース」などを取り上げました。

いずれも、視聴率が高く、特に3週連続の3本目「売れない時代に売る極意」は、平井Pの指揮のもと、久しぶりに10％を超える好成績を収めました。

ただ、とにかく価格に敏感な風潮の中で、激安を過度に持ち上げるような、一方的な内容にならないよう気をつけていました。

視聴者＝消費者と言っていい関係性があります。消費者目線では、激安大歓迎！だと思います。もちろん私だってそうです。ですが、「ガイアの夜明け」は経済番組です。供給側、経済用語でいうところの「サプライサイド」も伝えなくては使命を果たせません。綺麗ごとではなく、そう考える気づきをもらった出来事がありました。

家族の言葉に、ハッとする――それでも振るわない視聴率

リーマンショックの激震が収まらない2009年の年末に、帽子屋を営む妻の実家に帰省したときのことです。江戸時代から続く老舗で、問屋から仕入れた良質な帽子を販売し、根強いファンがいました。ところが大不況が直撃していました。切り盛りしていた義母が、目に涙を浮かべながら、こんな話を私にします。

「お客さんがそろいもそろって、『安くして』って言ってくるの。値段だけでするような商売をしてきたつもりはないから、本当に悔しい。本当はこう言い返したかったわ。『安く安くって、やっていったら、そのうちあなたの亭主の給料に跳ね返ってくるわよ』ってね」

このとき、私はハッとしました。番組で激安を賞賛している面があったかもしれない。こう省みると同時に、地方の帽子屋のおばあさんが、経済の原理を見事に突いている、と思ったのです。

義母が案じた通り、と言っては持ち上げすぎかもしれませんが、日本経済のデフレの連鎖＝デフレスパイラルはその後も続き、アベノミクスでようやく脱したか、という状況なのはご存じの通りです。

２０１０年、消費者は安いものを求め、供給側はそれに対応し、利益を減らして、結果、お父さんの給料が下がっていく……こんな状況が進行していきました。

ガイアのラインアップも、消費者サイドと激安供給サイドに依拠した価格経済ネタがどうしても増えていきます。

「格安温泉サバイバル～台頭する新興チェーンと老舗の行方」（２０１０年5月11日放送）
「続・売れない時代に売る極意」（同年10月12日放送）
「見捨てられた食材に商機あり」（同年10月26日放送）
「便利で安く！　エアライン対決」（同年11月6日放送）

「通話料が0円になる ~ケータイ戦国時代」(同年12月7日放送)……

今になって振り返ると、不況の時代であまりいい話がない中、何とか多くの人が関心を示すであろうテーマで耐えしのごうとする感がありありと出ています。

しかし、これだけ連発したために視聴者の関心が落ちたのか、あるいは消費者の購買意欲がさらに低下したためか、視聴率は、こうしたテーマであっても振るわなくなっていきました。

一歩先では早すぎるから、半歩先を行こう

この閉塞状況の中で、もちろんチャレンジもありました。新規事業や新しいベンチャーの胎動などを取り上げたものです。

「〝やりたい〟を力に!――地域と企業を変えるヤングパワー」(2011年1月25日放送)などはその好例です。今や誰もが知る巨大アパレルとなった「ゾゾタウン」を、もうこの時点で注目し取り上げていたのです。今から7年前。先見の明があったと思いませんか? し

かし当時は「知る人ぞ知るネット通販企業」で、なかなか広く関心を持ってもらえませんでした。

ゾゾタウンの回はいい教訓を示しています。そう、「早すぎてはいけない」のです。「先を行きすぎてはいけない」とも言えます。どうしても取材、制作に突き進んでいると、これをやってしまいがちです。

私もディレクター時代はもとより、CPになった今でも、やってしまうことがあります。

ここに、プライムタイムの報道番組と日々のニュースとの違いがあると思います。

もともと「ガイアの夜明け」をはじめ、報道番組センターのスタッフはニュース出身です。記者クラブ経験者も多くいます。ニュースの現場、特に記者クラブでは、「早い」ことが最上の価値です。大事件があれば、ピンポン速報が入るのは当然のこと、記者たちは日々、新たなニュースを追いかけます。

特に重視されるのが、他社より先に「スクープを抜く」こと。記者クラブでは、これに日夜まさに総力をあげています。まだ表面化していない情報を自分だけがつかんだときには、えも言われぬ快感というか、優越感を得られます。

皆さんの世界でも、たとえば会社の人事の季節に、いち早く異動情報を入手しようと動く人がいるのと、基本的な構図は同じではないでしょうか。

とにかく、ニュースの最前線は、「早さ」です。そういう「切った張った」をやってきた者たちは私も含めて、報道番組でも、ついつい新しいネタを追い求めるのが習性なのです。それ自体は、まったくもって悪くはないのですが、視聴者が番組に求めるものは微妙に違う、ということにだんだん気がついてきました。

ニュース番組を観る人は、とりあえずチャンネルを合わせて自分の興味に関わらず受け入れようとします。しかし、ガイアなどの報道番組の場合は、毎回観てくださるファンの方を除くと、ある程度関心があるテーマのときだけチャンネルを合わせて、そのテーマの背景や企業の深掘りなどを期待します。とすると入り口で、ある程度は関心がある、知っている、という「前提条件」の共有が必要になってくるのです。

〝池上無双〟の福田裕昭統括Pはよく、「番組は半歩先なんだよな」と言います。これも「心を予測する」極意です。一歩先を行くと、視聴者を置いていってしまう。でも同じところを歩いては観るモチベーションがなくなる。「半歩先」が頃合いとして丁度良いというわけです。

「一旦寝かせる」とジャストタイミングになりやすい

そういう中から編み出したのが、「一旦寝かせる」という技です。即断即決がかっこいいし、頼もしい感じがしますが、ことガイアにおいては、ちょっと間を置くほうが正しいのではないかと思ったのです。

ちょっと斬新なネタに遭遇して、即断できなければ、提案した人には悪いのですが保留にします。もっと言えば、「釜爺」の引き出しに放り込んでしまうのです。

せっかくの最新ネタが、時機を逸するリスクももちろんありますが、ちょっと間を置くことでジャストタイミングになったり、他のものと掛け合わされて日の目を見たりする可能性が広がるように思います。1歩も2歩も先を行くことをよしとする記者魂が刷り込まれた人間の場合は、さらに有効なように感じます。

というわけで、「ゾゾタウン」の回は、素晴らしい先見性があったが、さすがに早すぎた、という結果に終わりました。本来なら、こういう若いベンチャー企業をしっかり追い続けるのは意義があることだと思いますが、視聴率が振るわない中、タイミングをはかる余裕を私自身見失っていたのかもしれません。

そして、東日本大震災

日本経済が一向に盛り上がらず、激安ネタも色あせ、先を行った企画も結果には結びつかず苦しい中で、あの日、２０１１年3月11日を迎えました。

東日本大震災です。日本の一大事に、テレビ東京報道局もぶっ通しで伝え続けました。日頃はニュース番組とは別の動きをしている私たち報道番組センターのスタッフも、有事の対応として震災報道に没頭しました。そしてテレビ東京の連続報道は３日間も続いたのです。「あのテレ東が、これだけやり続けるのだから危機感がより強まった」といった声がインターネットに上がるほどでした。

緊急対応の時期が終わったあと、ここからはガイアの真価が問われます。「できる限り徹底してやろう」と福田裕昭センター長から指示がありました。日本の危機です。テレビ各局が震災報道を続ける中で、あえてガイアらしく独自視点で描こうと決めました。企業や働く人たちを通して震災を伝えるシリーズを立ち上げ、小林洋Dの発案で、「復興への道」と名づけました。ただちにディレクターたちが被災地へと散っていきました。

通常、「ガイアの夜明け」の制作は、企画提案から取材を経て、3～4カ月かけて放送に

東日本大震災で破壊された宮城県山元町のローソン

至る、というサイクルなのですが、そんな悠長なことは言っていられません。シリーズ1回目は、震災発生から19日後という、ガイア史上最速、最短で放送されました。それが、

「シリーズ復興への道 第1弾　ライフラインを守れ！
――震災支援19日間の総力戦」でした。

宮城県山元町のローソン店主が、フランチャイズ経営する2店舗のうち1店舗を津波で流されながらも、地域のライフラインとして不屈の闘志で店を開き続ける様子や、被災地から一時避難する人たちの足として、手書きダイヤでバスを走らせ続けた山形の山交バスの社員たちなどを取材しました。羽田D、山本Dたちが不眠不休でものにした力作でした。

この作品については、その後しばらくして企業広報担当者向けのセミナーに招かれて講演した際に、参加

者の女性から思いも掛けない感想をいただきました。

「あのときは、日本がどうなっちゃうんだろうと不安で、不安で何も手がつかない状況でしたが、あのガイアを見て、立ち直れました。自分も頑張らなければいけない。何か出来ることがあるはず、と勇気が出たんです」と言うのです。

これほど制作者冥利に尽きる言葉はありません。〈ああ、こんな風に思って観ていてくれる人がいるんだ、やってよかった〉。思わず絶句し、涙がこぼれそうになりました。

様々な人たちの思いを乗せ、「復興への道」は初回から4週連続で放送しました。2回おいて、さらにシリーズを総力をあげて続けていきました。

シリーズ「復興への道」
第2弾「あなたの善意 その行方——企業と個人 手を差し伸べた30日間」
第3弾「原発に立ち向かう——ニッポンの技術と家族の絆」
第4弾「リサイクルの底力——テレビ、がれき……問われる真価」
第5弾「法的トラブルを解決せよ」
第6弾「仮設住宅 7万戸の真実」

第7弾「原発危機に立ち向かう——密着・現場の90日」
第8弾「働く希望を！——〝震災失業〟を突破する働き方」
第9弾「甦れ！　三陸漁業——カツオ船団と漁師たちの決断」
第10弾「あなたの善意その後——支援に動いた個人と企業のこれから」

とにかくあらゆる角度からやり続けました。局内のプロデューサー、ディレクター、制作会社のプロデューサー、ディレクター、それに「俺も現場に行く」と言って実際に被災地に足を運んだ案内人の江口洋介さんも含めて、夜明けに向かって闘う人たちを描くんだ！　という思いで一丸となっていました。

風化との闘いと苦渋の決断

ただし、震災発生から3カ月ほど経った頃からでしょうか、急に「シリーズ復興への道」の視聴率に陰りが見えてきました。
風化させてはならない、という思いがありながら、番組として現実的な判断も求められました。しかし、熱意と使命感を持ったディレクターたちは被災地の現場取材を続けています。

かといって毎週を震災企画で突き抜けられる状況ではない……これはラインアップに責任を持つCPとして頭が痛い問題でした。

結局、会議で「復興への道」は◯カ月、◯周年などで継続する。ただし、それに合致しないものは、「震災企画」という大テーマではくくらないで放送することとする、と伝えました。

被災地のために、という思いで一丸となっていたスタッフからは、落胆や憤りの声も上がりました。しかし視聴率の急降下に歯止めを掛けなければ、番組の存続にも影響します。苦渋の決断でした。

そんな急展開のもとで作り上げた放送のひとつが、2011年8月16日放送の「日本一ホットな街――賑わいを呼ぶ仕掛け人たち」です。

もともとは、岩手県大船渡市で壊滅してしまった飲食店街の人たちが、新たに「屋台村」を作って復興の火を灯そうとする活動に密着取材する震災企画でした。これを私の発案で、「賑わう商店街」というキーワードで再構成することにしたのです。

そこでスポットライトを当てたのが、当時、韓流で大ブームだった東京の新大久保でした。「ちょっと強引だ」という声もありましたが、大船渡と新大久保を掛け合わせることにしたのです。

私にとっての「ラスト・ガイア」

実はこの直前、私は、「ガイアの夜明け」から離れることを上司から伝えられていました。立ち上げから9年半というのが長すぎたのと、新たなミッションが課せられることになったからです。

本人にとっては衝撃でしたが、そんな感傷に浸っている余裕はありません。目先の一大事、急展開企画の制作に注力しました。ラスト・ガイアです。鈴木理恵Dと制作会社メディア・メトルの奮闘により、見応えのあるドキュメンタリーが出来上がりました。

そして、結果です。

視聴率は、それまでの低落傾向から少し持ち直しましたが、5・7%でした。

プロデューサーとして手がける最後の作品で、強い意気込みをもって臨んだ私にとっては、少々心残りの結果でした。

はあー、もう少しだった。ガイアの仕事が終わっちゃった……落胆して自宅に戻ると、家族が心配そうに「どうだった?」と聞いてきました。

「5・7%だったよ。ちょっと力が足りなかったよ」と答えました。すると、当時8歳の娘がなぐさめようと、こんなことを言ってくれました。

「ばあばがいる天国ではみんな見ていたよ。１００%だったよ」

一瞬、周りの音が聞こえなくなりました。目頭が熱くなりました。

「ありがとう」と言おうとして、言葉が出ませんでした。

こうして、家族も巻き込んで精魂傾けた私のガイアの9年半が終わりました。


最後の決戦は〝ラテ欄〟にあり！


しょせん数字、されど数字。報道局といえども、視聴率に日々翻弄されるテレビマンの実態がご理解いただけたと思います。ここで視聴者の「心を予測する」最終決戦についてご説明しましょう。

さて、唐突ですが質問です。皆さんは、観たいテレビ番組をどうやって探しますか？

「EPG、テレビリモコンのボタンを押すと出てくる電子番組表だ」という方もいらっしゃるでしょうし、「スマホで Yahoo! のテレビ欄」という若い人、一方で「やっぱり新聞のテレビ欄」という方も多いと思います。

一般の視聴者にとってテレビの入り口は、なんだかんだ言っても新聞の「ラテ欄」が基本です。テレビマンにとっては、「ラテ」といえばスターバックスコーヒーではなく、こちらです。

視聴者の皆さんにとっては、ラテ欄がテレビ番組への「入り口」ですが、番組制作者にとっては、何カ月も前から企画し、取材し、編集し、テロップを入れ、ナレーションを吹き込んで……という長い作業の最後、言ってみれば「出口」が「ラテ欄」です。

その文字数は、「ガイアの夜明け」をはじめ、「カンブリア宮殿」も、「未来世紀ジパング」も、新聞の場合わずか5行50文字。しかし、この50文字が、「よし、今夜観てみよう」と思ってもらえるか、とても重要なカギを握るのです。この50文字、番組タイトルを除くと40文字ですが、これを決定するのも、CPの任務で、これがまた毎回悩ましい工程なのです。

一番厄介なのが、「入り口」と「出口」の違いだと思います。まったく初めて目にするもので判断する人と、ずっとそのことばかり数カ月考えてきた人では立場が違うからです。

極端に言うと、「ディレクターにはラテは書けない」と思うのです。CPだからと偉そうに言っているわけではなく、自分がディレクターのときに、うまく書けなかったからです。企画段階から取材、編集まで深くコミットし続け、その放送回と一心同体にまでなって、知り尽くしているディレクターが、なぜ、ラテをうまく書けないのでしょうか。

ディレクターは知りすぎている

具体的に、自分がディレクターを務めた放送回のもので見ていきましょう。
まずは、何度も紹介させていただいてきた私の２００２年の初回作、「農村少女」です。
最初に私が書いたラテ欄の案（①）はこんな感じでした。

―①―
ガイアの夜明け
中国〝金の卵〟大移動
世界の工場へ農村少女
感動のドキュメント！
涙の旅立ち▽役所広司

いかがでしょうか。すでに皆さんは内容を知っているので、「まあ、そんな感じだよな」と思うかもしれません。でも正直、いまひとつです。

企画を立ち上げ、現地取材にも1カ月以上行ったディレクターはたくさんの情報、伝えたいことを持っています。

そのため、どうしてもテーマ性や番組の意義を盛り込まなければ、という思い込みが先に立ってしまいます。〝金の卵〟は視聴者がパッと見て「観たい」キーワードでしょうか。ひょっとしたら何のことかわからない可能性があります。

〝世界の工場〟も、日経新聞を読んでいる人ならば当然、「中国の広東省や深圳などの沿海部の工場集積地」のことだとピンとくるかもしれませんが、そこまで中国経済に関心がない人は「どこ?」となったかもしれません。

さらに〝感動のドキュメント〟です。制作者の作品への思い入れだけが際立ちます。多くの方が涙した名場面は確かにあるのですが、観る前だったらどうでしょうか? 感動を強制されるようで厚かましく感じたかもしれません。

当時の若輩ディレクターとしては、頭をひねりまくって、渾身の言葉を並べたつもりでしたが、「知りすぎていた」、あるいは「入れ込みすぎていた」のだと今からだったら思えます。

結局、最終的には、福田一平Pの手にかかり、こんな風になりました(②)。

— ②
ガイアの夜明け
3000キロ出稼ぎ大移動
妹の学費を稼ぐため…
感動密着!農村少女、
涙の旅立ち▽役所広司

いかがですか。②はパッと見やすくなったと思いませんか。中身も〝3000キロ〟という数字が盛り込まれたことで具体的になっています。また、〝妹の学費を稼ぐため〟は、〝世界の工場〟のような経済ワードと違い、誰もが情景・背景が思い浮かべられ、共感する表現だと思います。結果的に視聴率は、3・7%と苦戦したわけですが、私の当初の案だったら、もっと厳しかったかもしれません。

自分に酔った言葉は、視聴者に響かない

２００４年11月16日に放送した「ダイエー破たん」時のものです。まず、私が書いた案です（③）。

実は③のタイトルの次の2行目の表現が、自分としては「超イケてる」と思っていました。〝諸行無常の響きあり〟は、ご存じ『平家物語』の冒頭からの引用です。「祇園精舎の鐘の声」という誰もが覚えているだろうフレーズではなく、その続きを使ったのも、ひねりがあっていいと悦に入っていました。なぜ平家物語だったのか、このときの内容はかいつまんで以下の通りです。

――③――

ガイアの夜明け
諸行無常の響きあり…
巨大スーパーダイエー
なぜ行き詰まったのか
直撃取材カリスマは今

かつて小売で日本一の売り上げを誇った巨大スーパー・ダイエーは、産業再生機構の下で再建が図られることになった。しかし、その決定に至るまでには、銀行、金融庁、経済産業省、外資ファンド、さらには総理官邸をも巻き込んでの迷走劇が繰り広げられた。果たしてダイエー問題とは一体なんだったのか。なぜ、

いちスーパーの再建問題が国を挙げての騒動となったのか。(「ガイアの夜明け」ホームページより)

取材の大きなポイントは、創業者の中内㓛氏でした。一代でダイエー帝国を築き上げ、「価格は消費者が決める」「売り上げがすべてを癒す」といった独自の安売り哲学で日本の流通業を牽引した〝カリスマ〟です。

しかし、バブル期の拡大路線がたたり約3兆円もの借金を抱え、ついに〝解体〟の道を歩むことになってしまったのです。

元ダイエー社員や地元関係者などを取材すると、中内氏の偉業と転落のあまりの明暗に愕然としました。裸一貫で日本一に上り詰めながら、戦犯扱いされてしまう。

同情とはちょっと違いますが、取材中に脳裏に浮かんだ言葉が【あはれ】でした。「もの哀しい」というか、「しみじみとした感覚」といったところでしょうか。それで、『平家物語』だったのです。

ここまで説明すれば「なるほどな」と思っていただけるかもしれませんが、視聴者からすれば、放送される朝、いきなり見せられる『平家物語』です。報道番組センター長からは、

「何が何だかわからないね」と一蹴されました。
　そして決定された文言は、この通りです（④）。

　④では、具体的に「中内氏」と入り、わかりやすくなっていますが、3行目以降はそんなに変わりません。自分の渾身の「1行」が理解されなかったことは、ちょっとした衝撃でした。
　でも、これがラテです。ダイエー問題に強い関心を持つ人には「諸行無常…」は、ひょっとしたら刺さったかもしれませんが、テレビの視聴者としては少数派です。

— ④ —
ガイアの夜明け
巨大流通帝国の終えん
ダイエー迷走劇の真相
カリスマ中内氏は今…
▽元社員が内情を激白

　相手は幅広い一般視聴者であり、「何となく今ダイエーが大変そうだな」「何が起きているのかな」といった関心の人、それが〝マス〟なのだと思います。深く入り込んだ表現、何となくかっこいい、気取った感じは敬遠されます。
　どなたでも、ちょっとした宣伝文句や、コピー、企画タイトルなどを書く機会はあると思います。今度、この「入り口」と「出口」の違い、感覚を意識して書いてみてはいかがでしょうか。

入り口と出口の秘策——ラテ大会で人気投票

私は今、「カンブリア宮殿」のＣＰとして、このラテの試練に毎週向き合っています。ＣＰも、ディレクターほどではないにしろ、放送の内容には深く関わっていますから、気を抜くと「出口」の感覚になってしまいます。

ですから、「入り口」に立つよう意識するしかないわけですが、これが何年やっていてもなかなか難しいのです。そこで、手っ取り早い、しかしとっておきの秘策があります。〝人に聞く〟ことです。「何だ、そんなことか」と思われるかもしれませんが、とても大事です。

まず、聞く相手をある程度吟味する必要があります。「ああ、このネタね、そろそろやると思ってたよ」「どうしてこんなネタをやるのかな」など、ちょっと評論家っぽく理屈で考える人はＮＧです。

とにかく真っさらな頭で、朝届いた新聞を後ろの面から開いて、さて何を観ようかなというところから考えられる人です。それも、あまり意識せずに感覚的に答えられる人がベリーグッドです。

「カンブリア宮殿」では、放送する木曜日の前々日に、会社のデスク付近で〝ラテ大会〟を開きます。その回を担当したプロデューサーが何案か提出したものに私が加筆修正し、新たに考案した3～4案を在席のディレクターやAP、ADに見せて回り、清き1票を投じてもらうのです。

たいてい票は割れます。そして、多数決ですべて決めるわけではありません。自分の中では（申し訳ないのですが、）意見を重視する対象者が何人かいるので、票数と同時にその声を参考にしつつ絞っていきます。

さらに絞った案について、社内外で私が個人的に「ラテ担当大臣」と命名している賢者から意見も聞きます。そして最後は、担当しているプロデューサーと決定する、というプロセスです。

たった40文字のために、半日がかりだったり、時には翌日に持ち越したりします。ちなみに〝社内外の賢者〟が誰なのかといえば、特別な人ではなく、普通の社員のSさんだったり、市井の82歳（私の父）だったりです。

「あなたは、どっち？」――ラテ欄をマーケティングする

では、一般視聴者の方々は、どういうラテ欄の表現に関心を持つのでしょうか。「カンブリア宮殿」が、テレビ東京のマーケティング部、ビデオリサーチ社に協力を得てモニタリングをした際の、「ラテ欄」についての質問を再現します。

一般男女に年代別に集まってもらい、数人ずつのグループを作り、どの「ラテ欄がいいか」を聞いたもので、２０１６年に実施しました。放送を直後に控えていた「星野リゾート」のテーマで比較しました。ちなみにこの回は、放送枠拡大に伴い通常より1行、10文字分多くなっています。

質問・A案とB案で、より「興味を持つ」「見たくなる」と感じる案に○印をつけてください。

―〈A案〉―
カンブリア宮殿
紅葉の鬼怒川・東京のど真ん中に新温泉旅館
泊まってみたいホテル№1！星野リゾート
〝新ホテル王〟の野望

―〈B案〉―
カンブリア宮殿
泊まってみたいホテル№1！星野リゾート
なぜ？東京ど真ん中に温泉旅館▽5年越し悲願！バリ島新ホテル

さあ、どちらが、より興味を持つ、見たくなると感じますか？「正直どっちも大して変わらん」という方もいるでしょう。が、結果はかなり分かれました。

50歳〜64歳女性（A案）1人、（B案）5人

それぞれの理由を聞くと、B案を選んだ5人のうち3人が「泊まってみたいホテル№1に惹かれた」と答えました。A案に入れた人は、「うちから鬼怒川まで割と行きやすい。ちょうど主人と紅葉を見にいこうかと話していた」とのことでした。

これだけを見れば、答えは明白ですが、違うグループの結果は悩ましいものでした。

65歳以上の女性　（A案）４人、（B案）３人

A案のほうが多いではありませんか。A案に○をした人の理由は、「新ホテルの野望がいい」「野望に期待する」「私も野望で。またどこかを買い占めにいくかなと思って」「どうして、ああいう考え方が生まれるのかというところで、野望のほう」。

「星野リゾートの野望」に関心を持っていました。意外ではありませんか？　ちょっと年代が変わるだけで、こんなに違うのです。ちなみに同年代の男性の結果は、以下の通りです。

50歳～64歳男性　（A案）４人、（B案）３人

65歳以上の男性　（A案）１人、（B案）６人

さあ、この回はせっかくナマの現場の声をいただいたので、大いに参考にさせてもらい、最終決定に臨みました。

単純に票数では、A案10、B案17で、B案が優勢です。さらに語句ごとに分析します。「鬼怒川」は北関東の有名な温泉地であり、具体的な引きがあると想定したのですが、行きやすい人以外にそれほど引っかからなかったようです。「泊まりたいホテル№１」は圧倒的な支持がありました。

で、問題はA案の「野望」です。支持した人たちの声を細かく見てみると、よく星野リゾートのことを知っている、あるいは実際に泊まったことのある、言ってみれば〝通〟な方たちという印象を受けました。

さあ、そこから最後の「心を予測する」です。当日のラテ欄の文面は上の通りとなりました。

―〈本番〉―
カンブリア宮殿
「泊まってみたい宿」
No.１！ 星野リゾート
なぜ？東京ど真ん中に
和風旅館＆５年越し
悲願！ バリ島新ホテル

ほぼB案ですが、悩んだのは「野望」の扱いでした。ちょっと刺激的で、経済番組っぽさのある表現だと自分なりに評価していたのですが、以下のような判断をして外しました。

「星野リゾートを好きな人たちは、何であろうと観ようと思ってくれるだろうが、そこまで〝通〟ではない人に観てもらうにはハードルを下げたほうがいい」

もちろんA案でも、視聴率に大差はなかったかもしれません。けれども放送直前まで、１文字１文字にまで気を使ってギリギリ考えるのは毎週のこと。それは、少しでも多くの人に観てもらいたい、という制作者全員の思いが込められた作業なのです。

第6章

新番組CP、さあどうする!?

2011年にスタートした「未来世紀ジパング」

第3の経済報道番組、産みの苦しみ

2011年8月、「ガイアの夜明け」を9年半で卒業した私は、「新番組をスタートさせよ」という特命を受けます。毎週月曜日、夜10時からのプライムタイムの枠の報道番組。不振だった連続ドラマのあとに「やはりテレビ東京らしい経済番組を」という局の方針が打ち出されたのです。

「ガイアの夜明け」(火曜日10時)、「カンブリア宮殿」(木曜日10時)に続く、〝第3の経済報道番組〟を立ち上げるプロジェクトの始動です。これが現在も放送中の「未来世紀ジパング　沸騰現場の経済学」(18年4月から水曜日に移行)として結実するのですが、〝第3の〟ということもあり、〝差異化〟が問われました。

「経済」という大前提は決まっていますが、中身をどうすればいいのか。正直、皆目見当もつかないという状態でした。

新番組立ち上げの特命を受けた時期が、ガイアの最終作に没頭している最中でしたので、なおさらでした。福田報道番組センター長の号令の下、センターのプロデューサーが集まって、アイデアを出し合う会議なども開かれました。

なるほど、という案もあったのですが、何となく散漫な感じで会議は流れていきます。危機感を覚え、「まずはチーフ・プロデューサーとなる自分が、何をやりたいのか、はっきりさせないことには始まらない」と気づきました。

さあ、そこからが産みの苦しみです。そもそも9年半も同じ番組を制作し続けてきた人間です。頭の中の引き出しは、「ガイアの夜明け」でいっぱいでした。ガイアやカンブリアと似た番組、業界用語でいう「カブる」のは、もちろん避けなければなりません。下手をすると、先行2番組にも悪影響を及ぼしてしまいます。

まずは、大雑把にカテゴリー分けしてみました。

ガイアは、経済の現場の主役に密着取材するヒューマンドキュメントが基本スタイルです。底流のテーマは「夜明け」で、現場の葛藤があって、ゴールに到達し、エンディング曲の『夜空の花』が流れる構成です。案内人が導入の役割を果たしつつも、VTRが主役の番組です。「カンブリア宮殿」は、「村上龍のトークライブ」がうたい文句の経済トーク番組。もちろんVTRのウェートもそれなりに高いのですが、主役は経営者で、底流のテーマは「経営術」です。

新番組は、以上の要素は外さなければなりません。ドキュメンタリーでもトークでもないなら、「スタジオ解説スタイルだ」と池上彰さんの番組を手がける福田センター長との間で方向性が固まりました。

しかし、そこからなかなか先に進みません。自分ができること、得意とすることをやるしかない、とは思うものの、それはいったい何なのか。悶々とした日々を過ごしました。夜中に何度も目が覚めます。そんなベッドの中で例の〝釜爺〟になります。

ガイアで自分自身がディレクター時代に手がけたのは中国をはじめ海外モノが多かったな……、ガイアのように密着しながらエンディングに向かってじわじわ明らかにしていく手法じゃないのは……、少しハードな報道路線はできないだろうか……。

そしてあるとき、また目が覚めてうつらうつら考えていた明け方のベッドの中で、高揚感とともに「これだ」という構想が浮かんできました。

それが、「世界×沸騰現場」です。

「世界」の番組を作りたかった2つの理由

「世界」に着目した理由は、「他がやらない」からです。自分が得意として、普段から関心がある分野に、中国をはじめとする海外ものがありました。

２０１１年当時のテレビ界では、「国際情勢」を扱う海外モノの番組がほとんどありませんでした。〝世界番組〟がブームとなった感のある今日では、信じられないかもしれないですよね。

「世界の果てまでイッテＱ！」（日本テレビ系）はありましたが、あの人気番組のテーマは海外事情を伝えることではないと思いますので、「世界ふしぎ発見！」（ＴＢＳ系）くらいだったでしょうか。報道系はほぼなかったと記憶しています。

ただ、同じようなことを考える人はいるもので、ちょうど同じ頃に「世界番付」（日本テレビ系）、「世界行ってみたらホントはこんなトコだった⁉」（フジテレビ系）という世界事情を扱う番組が始まり、驚きました。（両番組ともすでに放送終了）

いずれにしても、強力なライバルがあふれる領域で戦いを挑んでも、なかなか勝ち目はありません。「他がやらないことをやる」のはテレビ東京のＤＮＡです。

ただし、「他がやらないから」というだけでは、さすがに成立は難しい、というか新しい番組を生み出すモチベーションは生まれません。

もう一つ、「世界」にこだわりたい理由。それは、日本の〝内向き志向〟でした。２００８年のリーマンショック、それに２０１１年の東日本大震災と続いたせいでしょうか、当時の日本は途方もない〝閉塞感〟に包まれている気がしました。

年収は下がるし、中国にはGDPで抜かれるし……下りの山道にモヤがかかって、どうにも先が見えづらい、といった雰囲気でした。そんな2011年のあるとき、ガイアに関わっているプロダクションのMさんからこんなことを言われました。

「大久保さん、明るいニュースや話題だけの番組ってできないですかね？」

「明るいニュースだけ、ですか……？」

「深刻な話が多くて、どうも滅入るんですよね。同じことを言う人が私の周りにもいますよ」

明るいニュースだけの番組……？

ニュースとして報じるべきものに、明るいも暗いもありません。伝える必要があるから伝える、という使命を持つ報道局で生きてきた人間からすると、「何を言っているのだろう」と、疑問だらけでした。ですが、何か心に引っかかりました。

しばらく経って、こう思いつきました。

「明るいニュースだけの番組はできないけど、明るいテーマで未来を感じられる報道番組は作れるのではないか」

大震災後すぐに放送した「ガイアの夜明け」の「ライフラインを守れ！――震災支援19日

間の総力戦」のように、誰かの背中をそっと押してあげるような番組ができないものかと考えました。

それが、「世界」でした。

中国駐在の経験や、ガイアでの海外取材を通して、「日本企業の海外進出は、まだまだこれからが本番じゃないのか」と感じていました。

国内にいると空気のようで、あまり考えませんが、日本の製品や外食産業などはどう考えても世界一級品。ですが当時の日本企業は、相変わらず国内市場が第一で、狭い市場、しかも消費者の要求水準がめっぽう高い市場で、厳しい闘いを続けていました。無責任かもしれませんが、海外のマーケットで戦ったほうが儲かるんじゃないか、と感じる業種や企業が結構ありました。

世界のフロンティアに挑む日本企業、あるいは日本企業が臨もうとしている世界、ここに特化した番組は他にないし、その前向きな未知なる可能性を見たい人がいるのではないか、勇気付けられることもあるのではないか、と分析したのです。

通る企画、ボツの企画はどこが違うのか

そして、「沸騰現場」です。「今まさに沸き立っている、その瞬間をとらえたい！」と思いました。ガイアでは、現場の主人公への長期密着取材が基本だったので、ニュースやブームなどの「瞬間」が主役とはなりません。だからこそ「沸騰の現場」にこだわろう、そこに目があるのでは、と思ったのです。

そもそも「沸騰現場」とはどういうものをイメージしたのかというと、かつて上海で拘束されながら取材した「数千人もが行列するマンション販売の現場」やガイア最後の仕事だった「日本一ホットな街」の、韓流ブームで老若男女が殺到する新大久保……などでした。やたら盛り上がっている現場は、なんだかわからないけど観ていて引き込まれますし単純に面白い。そういう強い映像をテレビ的には「絵力(エヂカラ)がある」と言いますが、報道番組でも、そこに徹底的にこだわったら面白いと思いました。

その現場を表層的に取材するのではなく、なぜ沸騰しているのか、背景まで追究するのです。これは、観ている人もワクワクするだろうけど、取材するほうもアドレナリンがギンギンに出そうだな、やってみたい取材だなと思いました。

もう想像するだけで、明け方のベッドの中でワクワクしてきました。飛び起きて、家のパソコンに向かい、番組企画書を一気に書き上げました。

出社すると、早速、福田センター長に「世界の沸騰現場です！」と意気込んでプレゼンしました。すると、「沸騰現場、いいじゃないか。どんなところがあるかな」との答え。苦戦するかと思いきや、すんなり同意してもらえました。

思えば、自分の腹にストンと落ちているというか、自信を持って納得している企画は、これまでほぼすべて、すんなり通ってきた気がします。逆にいえば、そこまで到達していない企画はボツになったということでもあります。

社内外から番組スタッフを集める

いよいよ新番組の準備が本格化します。「ガイアの夜明け」のスタートはディレクターの立場でしたが、今度はチーフ・プロデューサー（CP）です。

企画と方向性が固まり、CPの次の任務はチームづくりです。社内人事のために上司に意向を伝えたり、局員だけでは人材が足りないので、外部のディレクターや制作会社に協力を求めます。そのときの、声かけフレーズはシンプルなものでした。

「世界の沸騰現場の取材をしたい人!」

知り合いのプロデューサーや海外での取材力がありそうなディレクターを中心に声を掛けました。すると、

「沸騰現場に冒険的に飛び込んでいきたい」「学生時代にバックパッカーをしていました」「こんな番組を待っていました」「尻込みしている若者たちのケツを押してやりましょう」……。

ただの世界好きから自称・国際派ジャーナリストまで、なかなか勇ましいスタッフが、少しずつ集まってきました。どうやら日々の番組作りに飽き足らない思いを抱えている制作者が結構いたようです。

ということは、既存の番組に飽き足らない思いを抱えている視聴者も、必ずやいるはず——たいした根拠もなく、そんな確信を持つようになっていきました。

「見たことのないような番組を作りたいですね。とんがっていきましょう!」と、事あるごとにスタッフと確認し合いました。とにかく最初は、視聴率への意識やお客さん(視聴者)の好みより、自分たちの「やりたいこと」を優先していく方針を明確にしました。

自分たちが目指すものがスタッフ間で共有できていなければ、納得する番組は作れないわけで、お客さんもなにもないからです。

「驚かせるMC」はウィキペディアで知る

そして番組の顔となる、MCのキャスティングです。やはりテレビマンにとっての醍醐味であるものの、うまくハマるまでは神経を使います。

MCは2人にすることになり、1人はすぐに決まりました。報道番組ということで、ワールドビジネスサテライト（WBS）でお馴染みのテレビ東京の大浜平太郎キャスターです（現在は「モーニングサテライト」キャスター）。客観的に「報じ」てきたテレ東生え抜きのベテランで、やはり〝第3の経済番組〟を標榜するからには、経済に通じている顔が必要でした。

ペアなら、もう1人は女性。しかも世界番組としては〝国際派〟を起用したい。これにはもうスタッフは侃々諤々（かんかんがくがく）。さまざまな候補者があがりました。他局で夜のニュース番組のMCを務めていた方やバイリンガルのタレントなど、みんながよく知る、そして番組の方向性と合致した候補者たちでした。

あんな人と仕事ができるのか……など、ミーハー根性も頭をもたげてもくるのですが、キャスティングの決定者である私は、なかなか決断できずにいました。

「他局でイメージが出来上がった人でいいのだろうか……」

確かに、そういう人のほうがすぐに視聴者に認識してもらえるので、いいようにも感じます。ですが、生来の「ひねくれ者」のためか、どうしても変化球というか、驚かせるようなキャスティングをしてみたい、と思ってしまうのです。

そんなとき、なぜか制作局（バラエティ番組などを担当する部署）から新番組に加入した内藤Dが、「SHELLY（シェリー）、どうですか？」と提案してきました。私がハーフのタレントを数多くリサーチしていたのを見てのことでした。

「シェリー？　誰だっけ？」

「知らないんすか？　私が担当していた所さん（「所さんの学校では教えてくれないそこんトコロ！」）で、ちょっと出てもらってるんすけど、結構かわいいし、しゃべれますよ」とのこと。

「ふーん。よく知らないけど、今度見てみるわ」と、そのときは素っ気なく答えたのでした。

念のため、ウィキペディアで調べます。ふむふむ、モデル出身か。すると、気になる文言。「幼少期の夢はアメリカ大統領」という趣旨のことが書いてあります。「面白い」と思いました。女性タレントで「夢はアメリカ大統領」なんていう人は聞いたことがなく、そこに意外性を感じたのです。

そして「所さん」を見ました。確かに綺麗で、気の利いたコメントも発していましたが、いわゆるひな壇にいるので、「MCできるの？」という感じでした。


テレ東のスタッフが、MXテレビでタレントを出待ち

そんな私の背中を押したのが、東京MXテレビの朝の番組。観たことがなかったのですが、毎朝7時から8時まで情報番組を生放送していて、司会がSHELLYさんでした。これが目からウロコだったのです。

20歳そこそこのSHELLYさんが、ニュース、天気情報から交通情報まで、1人で仕切って、（もちろん日本語で）しゃべりまくっていたのですから、これまた意外性がありました。

数日後、生放送を終えたばかりのご本人に会うため、半蔵門にあるMXテレビを訪れました。MXテレビの本社は、なんか見覚えあるなと思ったら、かつての結婚式場、東條會館でした。かつては新郎新婦が下りてきたという大理石の素敵な螺旋階段が1階ロビーにあり、そこからSHELLYさんが颯爽と登場しました。

こちらはスーツ姿の大男たち。ギョッとしたようで「どうしたんですか?」と警戒感ありありでした。が、順を追って「世界の沸騰現場」「報道番組」と説明すると、「私なんかでいいんですか?」と謙遜しつつ、真剣な表情で聞き入ってくれます。

ついには、こんな逆提案までしてきました。「私、ケチなんで、節約する買い物とか大好きなんです。そういう買い物の現場と世界がこうやってつながっている、なるほど! というようなことがわかったら、面白いですよね」

ふむふむ、日本の消費者が世界の沸騰現場とつながっている……。悪くない!

MCの人選で会っていながら、新番組の骨格のひとつをひらめくチャンスともなったのです。これは、もういくしかありません。

経済番組を観るミドルの方々には、あまり知られていないタレント。これまた賭けでしたが、2人目のMCに決定です。

番組のネーミング会議は、こんな感じだった

さあ、次は番組のタイトルです。「ガイアの夜明け」のネーミングでは、お伝えした通りのすさまじい紆余曲折がありました。今回も、予想通り難航しました。

難航の原因は、まず決定責任を負うべき私が、ネーミング力を相も変わらず持ち合わせていないからです。もちろん、いろいろ考えるのですが、どうもピンときません。

企画趣旨からすれば、「沸騰」は当然入れるんだろうな、と思ったのですが、いきなり編成部長から「沸騰はよくないぞ」との横やり。「漢字が難しいし、見栄えが良くない」のだそうです。確かに、「沸騰」という漢字は難しく、私も正確に書けるか自信がありません。それを視聴者に強いるのも、気が引けてきました。

そして「世界」です。世界を見ていく番組なのですから、当然それとわかる必要があります。「ガイア」「カンブリア」と、カタカナのキーワードが入ってきたので、やはり今度もカタカナを入れるのが当然視されていました。でも、「ワールド」とか、なんか普通すぎる……。またひねくれ者の血が騒ぎ始めます。

スタッフからもアイデアを募ります。ネーミング会議はこんな感じでした。

「やはり〝沸騰〟は入れましょうよ」

話が「そもそも論」に戻ります。すると、誰かが英語で何というか調べました。

「沸騰は、ボイル（boil）ですかね？」

「それじゃボイルドエッグ、ゆで卵じゃないか、まったく感じが出ないよ」

私が却下すると、少し意味合いを広げた提案も出てきました。

「パンゲアはどうでしょうか。『古代の超大陸』の名称です。『世界』を言い換える意味で使ってはどうでしょう」

「超大陸ね。『世界は一つ』みたいな意義が出せそうだね」

言葉の変換の仕方や意味合いは悪くありません。しかし、こんな声が……。

「『パンゲア』という語感が、パン屋さんみたいですね」

会議を繰り返すもののなかなか決まらず、スタッフ内にも焦りの色が見え始めてきた頃、福田裕昭センター長がアイデアを携えてやって来ました。

世界がテーマなのに、なぜ日本なのか

「大久保、『ジパング』はどうかな」

「ジパング、ですか……?」

マルコ・ポーロが名付けたとされる黄金の国ジパング。日本のことです。「世界」をテーマにやろうとしているのに、なぜ日本なのか。

正直、この人は何を言っているんだろう、と疑問だらけです。が、この福田センター長は、池上彰さんの選挙特番を掘り当てた男。

しかもガイアのネーミングでもすでに触れましたが、「夜明け」部分の名付け親です。単なる思いつきなのか、深い意味合いがあるのか、その理由についてどう説明してもらったかあまり覚えていないのですが、なんとなく私の脳味噌にじわじわと突き刺さってきました。

世界を扱いながら、日本。

そのココロは、世界から日本を見る、世界を舞台として扱いながら、実は日本がテーマとなる番組――。何だか逆説的ですが、深みがあっていい感じに思えてきました。番組の骨格が見えてきました。

「ジパング、いいじゃないですか、いきましょう！」

さあ、ここからは、また「掛け合わせ」の極意です。〝ジパング〟をどんなワードとどう掛け合わせるか、頭の中の引き出しを総動員するときです。

「沸騰！　ジパング」

「ジパング沸騰見聞録」

やはり「沸騰」が頭から離れずにいたとき、桧山Pから提案がありました。

『未来世紀ジパング』

んっ？　なんだか昔の映画にあったような感じだな……。

「そのココロは何でしょうか」

「黄金の国と呼ばれたジパングが、次の時代にどうなるか。未来志向を打ち出すのがいいのではないでしょうか」

なるほど、「未来志向」。これはもともと番組を構想するきっかけとなった「明るい日本」「日本の可能性」とシンクロします。ジパングというよく知られた言葉も、「未来世紀」と掛け合わされることで不思議な語感というか、語呂が生まれました。

新番組で協力いただく博報堂ＤＹの田近部長も、「いいですね！」とノリノリでした。やれやれ、やっと番組名が決定です。

初回は、視聴率５・５％の微妙なスタート

新番組「日経スペシャル　未来世紀ジパング」は、２０１１年11月からスタートすることになりました。そのときに、私は以下のような毎日新聞のコラムを書かせてもらいました。「今週の苦労人」という連載タイトルが気に入って、気合いを入れて書いたのを覚えています。

「身の回り3メートル」。これは、私が入社したばかりの頃に先輩から教えられた視聴率を狙う極意です。この意味するところは、身近な話題やテーマがテレビの王道だ、というわけです。それ以来、身の回り3メートルを出たり入ったりしながら、番組制作に当たってきましたが、この度、そこから大きく踏み出す決断をしました。

「未来世紀ジパング」は、知られざる海外の沸騰現場にスポットを当てます。内向き志向といわれる昨今にあっては、真逆に走る行為かもしれません。しかも今月14日の初回スペシャルは、ジブチとインドネシア。多くの方は「はあ？　何で？」と疑問符ばかりが付くはずです。しかし、取材を進めていくと、よく知らない遠い国のことが、実は私たちのこれからの生活に関係していることが分かってきました。真逆に走った後は、いかに戻ってこられるかです。そのための工夫の一つが、〝沸騰ナビゲーター〟。初回は、あの池上彰さんが現場をルポし、スタジオで分かりやすく解説してくれます。新番組では「遠いけど、近い」をテーマに、かつての先輩の金言に少しでも近づくことを目指しています。

今読んでも、自分なりによく状況を認識していたなと思いますが、とにかく「未来世紀ジパング」では、コラムで書いた通り、「遠くを身近に」することが最大の課題であり、その後もずっとそれがついて回ることになるのです。

初回は、池上彰さんの3時間スペシャルで、「ジブチ&インドネシア」でした。紅海で頻発していた海賊対策の最前線がジブチであり、自衛隊の取り締まり活動を池上さんが現場レポート&スタジオ解説しました。

インドネシアは、元香港特派員で東南アジア取材に強い鈴木嘉Dが、ジャカルタ市内をやたら走っている日本の中古地下鉄の謎や、住友商事が手がける地熱発電プロジェクトに迫りました。

視聴率は5・5%。新番組としては上出来。しかし池上スペシャルとしてみると低い。しかも池上さんは超多忙で、ジパングは不定期の出演。何とも微妙なスタートとなりました。

そして2回目は、スタッフが真っ青になる視聴率

「世界の沸騰現場から日本の未来が見えてくる」

これが番組のキャッチフレーズです。なかなかテーマを端的に言い得ていると自負していますが、このフレーズには2つの〝相反する言葉〟が盛り込まれています。それは「世界」

と「日本」です。

番組の舞台は「世界」ですが、テーマ、および見る目線は「日本」あるいは「日本人」です。このバランスが「未来世紀ジパング」の根幹であり、ユニークなところであり、だから難しいのです。

池上さんの初回スペシャルのあとは、かなり「世界」に寄った、しかもジャーナリスティックなニュース現場にフォーカスした企画で攻勢をかけました。

第2回は「アリとキリギリス——ドイツ人が見たギリシャの実態」（ナビゲーター：浜矩子　2011年11月21日放送）。過激なデモが頻発し、ユーロからの離脱も噂されていたギリシャの危機をユーロの優等生・ドイツの目線から描きました。それが「アリとキリギリス」という対比でした。

ドイツ人の夫がギリシャ人の妻の実家を訪ねると、親族たちが毎日2時間も白ワインを飲みながら昼食をとっていて呆れる、というユニークな密着取材がありました。今から見ると、その後のユーロ動乱、EU動乱、そしてイギリスのEU離脱という流れの端緒をとらえていましたし、浜矩子さんの「ドイツがユーロ離脱」という未来予測も逆説的で秀逸でした。

しかし視聴率は2・2％。スタッフが真っ青になるほど低い数字でした。当時の日本の視

米ニューヨークのウォールストリート占拠運動（2011年）

聴者にとってヨーロッパは遠く、しかもギリシャ人とドイツ人の物語は身近さに欠けるものだったようです。

第3回は、「『我々は99%だ』の真相――アメリカ・ニューヨーク」（ナビゲーター：関口和一＝日本経済新聞社論説委員兼編集委員、同年11月28日放送）。

リーマンショック後の不況にあえぐアメリカで、若者たちが「1%の富裕層が富を独占している！ウォール街を占拠せよ！」と立ち上がった抗議デモを追跡取材しました。

これも後にトランプ政権で分断されることになるアメリカの予兆をとらえています。しかし前週の結果を見て危機感を覚えた私は、少し軌道修正を図りました。番組の冒頭シーンをいきなりウォール街占拠から入ろうとしたのをやめて、ニューヨークにシンボリックな巨大旗艦店を出店したばかりのユニクロから入ることにしたのです。日本の誰もが知る大企業のニューヨーク出店、そこからほど近い公園で若者たちが怒っていた、という流れにしたのです。

いずれもニュースの現場であり、私たちが言うところの「沸騰現場」です。身近な話題から入って、遠く感じるかもしれない本題に誘うという狙いでした。

結果は、1%以上あがりました。ひとまず安堵したのを覚えていますが、「未来世紀ジパング」はその後も「世界」と「日本」のバランスで、試行錯誤を続けていくこととなります。

テレ東の新番組は苦戦がデフォルト

ちょっととがった新番組の船出。担当者としては目先のことでいっぱいいっぱいでしたが、外向きには意気軒昂でした。

番組が始まって間もなく、社内の「番組審議委員会」に呼ばれました。各界の方々からなる委員がテレビ東京の番組批評をする会議です。テレ東社長以下、役員もずらりと並びます。そこで話す場を与えられた私はこんな大ボラを吹きました。

「『未来世紀ジパング』は190回くらいまでは到達できると思います。なぜなら、国連の加盟国がそれだけあるからです。それだけ題材に満ち溢れています」

面白さ半分で話したつもりですが、クスリとも笑いが起きません。考えれば、190回といえば、年間50回として4年近く続く計算です。テレビのレギュラー番組は3カ月ごとの「クール」単位で、その度に継続が問われる厳しい世界。それなのに、まだ数回の放送で大きく出たのですから、「はあ?」というのが正直な反応だったのだと思います。

でも、島田昌幸社長(当時)がこんな声をかけてくれました。

「1年は我慢するから」

おお、頼もしい。これでこそテレ東です。テレビ東京の新番組は認知度が低いところから始まります。他局のように高視聴率番組で大々的に番宣(番組宣伝)を仕掛けることが、あまりできないのも要因です。新聞などへの広告費用も限られます。

社長の言葉は、新番組スタート時の苦労を理解しているからこそでした。「ガイアの夜明け」も、「カンブリア宮殿」も、最初の1年は大変な苦労をして今に至っている、という前例もありました。

とはいうものの……。社長には大変申し訳ないのですが、1年では求められている結果をなかなか出せませんでした。

中国に「異変」が起きているのか

「遠くのものを、身近に」の試行錯誤が続く日々。そんな中でも、徐々に反応がいい、つまり視聴率が出る企画も生まれてきました。

まずは、私がウォッチし続けている「中国」でした。特に2012年は日中関係をめぐる大きな出来事があり、中国がどこに向かうのかが気になる、大きなターニングポイントとなった年でした。

同年9月、日本政府による尖閣諸島の国有化に端を発した〝反日デモ〟が勃発。その勢いは凄まじく、中国全土100カ所以上にまで拡大し、日本系のスーパーやデパート、工場などがその標的となってしまいました。

暴徒と化した中国人の若者が荒れ狂うニュース映像は皆さんにも忘れられない光景だったと思います。そして同時に、疑問だらけだったのではないでしょうか。

「なぜここまで？」「彼らはいったい誰？」「もう中国とは付き合えないか？」……。

こうした疑問に答えるべく、早速、ジパング取材班は動きました。羽田Dが広東省の工場へ向かいました。しかし、そこで起きていたのは反日デモに便乗した〝労働争議〟でした。

中国・広東省でストライキを主導した女性労働者

そして竹内Dが向かった北京では意外な事態が……。

翌月には、「中国の行方――反日デモの裏で起きていたこと」(10月29日放送)として放送にこぎつけました。概要は以下の通りです。

反日デモの主役は、「新世代農民工」と呼ばれる若者たち。親の世代が農村から出稼ぎに来たその2代目。反日教育を受けた18歳から25歳の若者で、社会に対する不満を抱え込んでいる。

そんな彼らと対照的な存在が「小白領(シャオバイリン)」だ。日本語に訳すとヤングホワイトカラー。都市部に暮らす富裕層の親を持つ高学歴の子女や、平均的労働者の数倍の収入を得て、都市生活を謳歌する若者たち。実は、彼らの多くは「反日」を唱えない。反日デモをよそに、日本企業への就活にいそしんでいたのだ。この両者の違いはいったい何なのか？　取材していくと、中国社会に横たわる問題の本質が見えてきた――。

反日デモの裏側にあった「新世代農民工と小白領」という中国の階層、格差社会の実態に独自の視点として切り込んだのです。「未来世紀ジパング」では、番組の最後に沸騰ナビゲーターと呼ばれる解説者が、「未来予測」をし、ひとつのウリとなっていました。このときのナビゲーター、日本経済新聞社の後藤康浩編集委員（現・亜細亜大学教授）は、こんな予測で締めました。

「反日は終わらない」

中国では今、反日に限らず、暴動、デモなどの抗議行動が頻発している。その数、実に年間約18万件。労働争議や、土地収用のトラブルなどによるものが多く、1日あたり平均500件も起きている計算だ。まさに〝不満大陸〟。

こうした不満の矛先をそらし、国民の気持ちを束ねることができるテーマが〝反日〟なのだ。11月には共産党大会が開かれ、習近平体制が始動するが、国内で不満が出て体制が揺らぎかねないときは、〝反日〟というカードを切ることになるだろう――。

身も蓋もない予測でしたが、これが現実です。それでも、本当にそうなのか、番組としてウォッチし続ける必要がありました。そこには視聴者の期待も感じました。

このとき、私は中国がかつての、農村少女を温かい目線で見守った頃とは変わってしまったのではないか、中国に異変が起きているのではないか、と分析しました。そして、これを機に〝中国異変〟シリーズを立ち上げたのです。

「南シナ海」の紛争でバナナが激安に

続編が、「バナナとレアアース――価格暴落の裏側に中国の戦略と誤算」（2012年12月10日放送）です。

この頃、日本のスーパーで「1房58円」という激安のバナナが出回っていました。これをたどっていくと、フィリピンと中国の領土紛争に突き当たった、というのが1つ目のテーマ「バナナ」でした。

SHELLYさんと最初に会ったときに言っていた「スーパーの安い商品の裏側に世界情勢を見る」という提案通りの企画でした。ちなみに領土紛争とは、南シナ海のスカボロー礁をめぐって両国が対立した事件です。報復として中国が、フィリピンの特産品、バナナの輸入を差し止めました。そのバナナが大量に日本に流れ込んだため、まさに〝叩き売り〟状態になっていた、というわけです。

同じ頃、レアアースも価格が急落していました。レアアースとは、ハイテク電気製品のモーターに欠かせないレアメタル（希少金属）で、当時90％以上を中国が産出していました。2010年に尖閣諸島沖で起きた中国漁船衝突事件を契機に、中国が日本への報復と見られる輸出制限をしたため価格が暴騰したのです。

ところが2012年、羽田Dが内モンゴル自治区の〝レアアース城下町〟に潜入してみると、閑古鳥が泣いていました。価格が暴落していたのです。日本をはじめ各国が、さまざまな対応措置を取ったことが影響していました。

中国が海洋進出へと動き始め、強硬姿勢に舵を切る中で、経済が巻き込まれていった現実、そして領土問題と経済をからめる中国の戦略と誤算に迫った力作で、反響も大きかった回でした。

ときには現場に出てみよう――で驚いたこと

〝中国異変シリーズ〟は、食品問題などにも領域を広げながら、定着していきました。そうこうしているうちに、シリーズ開始のきっかけとなった「反日デモから1年」というタイミングを迎えます。

「またあんなことが起きてしまうのか？」

2013年9月18日がポイントでした。この日は、かつて満州事変の発端となった柳条湖事件が起きたため、そもそも反日機運が高まる日なのです。しかも1年経っても日中関係に改善の機運は乏しく、中国の強硬姿勢にも変化は見られません。中国に直接関わる日本企業の人たちは大きな不安を抱えていたと思います。

ところが1年後、反日デモは起きませんでした。去年あれだけ派手にやったものが今度はゼロです。中国は極端です。

そこで逆説的な企画を思いつきました。それが中国通の竹内Dとまた組んで制作した「なぜ反日デモは起きなかった？」（2013年10月7日放送）です。

それにしても中国は一体どうなっているのか、自称・中国ウォッチャーを気取ってきた私としてもよくわからなくなってきました。上海で取材している竹内Dからも「そろそろ来て、(自分で)見たほうがいいんじゃないですか」と言われます。

そこで中国に自ら足を運びました。CPは毎週の番組全体を統括するので、なかなか現場に出にくいのですが、なんとか日程をやりくりしました。「あえて飛び込んでみる」の精神です。

向かったのは上海。何度も行ったことのある大都市ですが、浦東空港に着いて、リニアに乗って市内に向かい、そこからタクシーに乗って、と1人で移動しながら、今回はなんとなく緊張していました。特にタクシーは、反日機運が高まった1年前に、「日本人は降りろ」という事件が複数あったと報じられていたので、緊張の度合いがさらに高まりました。話しかけられないように、外を眺めていたのですが、運転手が声をかけてきました。

「どこから来たんだ?」

ストレートな質問です。一瞬、日本人とバレたらヤバいかとためらいましたが、どうせ私の中国語はネイティブの発音ではありません。嘘をついてもバレます。

「日本だよ」。正直に答えました。

すると、「おお、そうなんだ」。んっ? なんか緊張感がありません。

「俺の弟が今、福岡で働いているんだよ」と気さくに話し始めるではありませんか。相づちを打ちながら、「な〜んだ、全然反日じゃないじゃないか。緊張して損した」と内心ホッとしながら、独りごちました。

あえて、「反日・中国」で聞いてみた

その晩、というか明け方、ホテルのベッドで目が覚め、「これだ!」とひらめきました。中国人の本音はどうなのか。あのタクシー運転手のように、反日とは関係なさそうな人、実はなんとも思っていない人がいるかもしれない。日本の人たちも知りたいのではないか。できるだけ大勢の人に聞いてみたいと思ったのです。

構想をまとめて、竹内Dに伝えました。

「上海の街頭で直撃して、100人インタビューを敢行しよう!」

いいですね、となったものの、中国での街頭直撃インタビュー、しかも100人となると目立つ取材となります。取材が自由ではない中国のこと、公安警察のお出ましとなる可能性もあります。万一を考えて、ここは正式な取材拠点として認められているテレビ東京上海支局にやってもらうことにしました。

インタビューアーは支局の助手、徐さん。ちょっと失礼ながら一見すると頼りなげなおじさんなのですが、「上海人の徐さんは、上海語も普通語（標準語の北京語）も使えるからうってつけ」という西村支局長の推薦でした。

これがナイス判断でした。中国は標準語の北京語以外に、地域ごとに方言があります。方言といっても、日本とは違ってまるで異なる言語です。

例えば普通語の「ニーハオ」が、上海語だと「ノンホー」といった具合です。普段使うのは現地言葉という人が多いので、上海の人には、上海語で話しかけないと、ちょっとよそよそしい感じになってしまうのです。

何とか本音に迫りたい……私たちの思いを受け、徐さんが甲高い声の上海語でひょうひょうと話しかけると、かなりの人が立ち止まり、意外にまともに答えてくれます。思いのほか、うまくいきました。もちろん警戒して逃げる人もいますし、表層的な回答をする人もいますが、これは本音では、と感じられる答えもありました。

放送で紹介した声をいくつかピックアップしましょう。

（1人目、20歳代男性）

――反日デモはなぜ起きなかったと思いますか？

「去年は尖閣諸島の問題がすごく宣伝されていたけど、今年はみんな関心がないんだと思う」

（2人目、20歳代女性）

――今の日中関係をどう思いますか？

「いいと思います」

――反日デモはなぜ起きなかったと思いますか？

「よくわかりません」

結局、100人とはいきませんでしたが、徐さんは頑張って80人に直撃してくれました。

放送では時間枠の制限がありますから編集しましたが、なるべく本音を生かしたいのと、こちらが恣意的に編集していないことを少しでも明らかにしたかったので、聞いた順番を厳密に守り、「1人目」「2人目」と明示しました。

（5人目、30歳代女性）

――反日デモはなぜ起きなかったと思いますか？

「庶民同士では問題がないからでしょう。去年はネット投稿で誰かが扇動していたけど」

（11人目、20歳代女性）

――反日デモはなぜ起きなかったと思いますか？

「今は日本のブランド品がこっちで増えているし、一方的な反日はよくないことだとわかったのよ」

予想以上に日本人としてはうれしく感じる声が目立ちました。しかし、こんな声も。

（26人目、20歳代男性）

――今の日中関係をどう思いますか？

「とても悪いね。実際、中国人は日本人が嫌いだ」

――去年、反日デモがありましたね？

「ああ、俺も日本車をぶっ壊してやったよ」

――なぜ今年は起きなかったと思いますか？

「日本が尖閣諸島で問題を起こしてないからじゃないか」

（31人目、40歳代女性）

――今の日中関係をどう思いますか？

「イライラするわ。なぜ中国はこんな甘い態度を取っているのか。ずっと解決しないでいつまで引き延ばすのかしら」

上海市民80人に直撃した

こんな冷静な声もありました。

（80人目、30歳代男性）

「いろいろな海外の報道を見ていると、反日デモは中国でしか起きていない。中国人だけのお祭りみたいで意味がないと思う」

結局、80人に声をかけ、回答してくれたのが38人。思った以上の成果でした。全員の声は紹介できませんでしたが、街頭インタビューだけで3分30秒間もの、異例の長いコーナーとなりました。

大都会上海の街中ということで、生活や知識の水準が高い人が多かったという点は割り引く必要がありますが、それでも思いのほか冷静、かつ本音に近い市民の声が聞けたと思います。そして何より、これを聞いて何となく安心したのは、私だけではなかったようです。

翌日、毎分視聴率グラフを見ると（1分ごとの推移が出るのです）、80人インタビューのところで、それまで見たことのない右肩上がりの急上昇。すごい手応えでした。視聴者の皆さんも中国人が何を考えているのか気になっていて、ある意味、心に刺さったのでしょう。また、日本、日本人というだけで嫌われてしまう、そんな単純な話でもないことが、理解していただけたのではないでしょうか。

上海のタクシーの運転手とビクビクしながら会話したところから始まり、とにかく、あえて現地に飛び込んでみたところから活路が開けました。

その後、本書を執筆している２０１８年に至るまで、反日デモはやはり1件も起きていません。あの凄まじいまでの暴発、暴力は、一体何だったのでしょうか。

最近、当時をよく知る日中関係者に尋ねると、こんな答えが返ってきました。

「あれは、反体制デモだったということです」

つまり〝反日〟は口実、きっかけにすぎず、政府への積もり積もった反発、不満が騒動の本丸、核心だったという解説でした。

ちなみに、２０１８年現在の話ですが、私たちが上海で敢行したような街頭インタビューが、北京では認められなくなったと聞きました。残念です。

中国異変は、まだまだ続いていると思わざるを得ません。

トルコ、パラオ、フィンランド……親日国シリーズ

「未来世紀ジパング」では、同じ頃に並行してもうひとつ、特色となったシリーズがありました。それが「親日国」です。反日に対して親日。ちょっと短絡的に感じるかもしれませんし、「日本すごい」をあおる本や番組があふれる今では手垢がついているように思われるかもしれませんが、6年前には新しい切り口でした。カギは、

「知られざる親日エピソード×日本企業の今の奮闘」

この掛け合わせです。これにしっかり合致するものを撮影、取材できるかにこだわりました。

最初が、2012年のトルコ。このとき初めて私はジパングの海外取材に行ったのですが、トルコの人たちの「親日」ぶりには驚きました。

イスタンブールの目抜き通り、レトロな路面電車が走るイスティクラル通りで撮影していると、日本のメディアと知った人たちが親しげに近づいてきます。「カミカゼ！」「トヨタ！」などと叫ぶ人、さらには「私、ニッポンに行ったことあります」なんて日本語で話しかけて

くる人も。みんな日本語を使うのがうれしくてたまらないといった感じなのです。

トルコが親日である大きな理由のひとつが、「エルトゥールル号事件」です。トルコの人たちはほぼ全員が知っている、1890年の和歌山沖でのトルコ軍艦の遭難事故と、その乗組員を助けた地元の日本人との感動的な実話です。

トルコの学校の歴史教科書にも載っていたそうです。120年以上前の恩義を忘れないトルコ人の律儀さには感銘を受けました。実は、この史実を私は知らなかったのですが、おそらく日本の多くの人もそうだったと思います（その後、映画になりましたが）。

この親日の歴史エピソードとトルコの今、それにボスポラス海峡の海底トンネルを作る大成建設や世界4位の長さの吊り橋を架けるIHI、さらに空調設備のダイキンなど、発展するトルコのインフラ作りに奮闘する日本企業を取材しました。それが、「親日国トルコ・日の丸沸騰プロジェクト」（12年4月2日放送）です。

これが思いのほか好評でした。日本が感謝されたり褒められたりするのを放送するのは、自画自賛っぽくて少し気が引けたのですが、私が実際に体験したことでもあったので、あえて「親日国」を打ち出しました。

その後、パラオ、モンゴル、スリランカ、フィンランドと続き、2014年4月の「知られざる親日国・ポーランド」でシリーズ最高視聴率を叩き出しました。しかし、段々と、そこまでの感動的な歴史秘話が発掘できなかったこともあり、展開できなくなっていきました。無理に押し進めると、「日本礼賛」になってしまう危険性もありました。

第7章

池上彰さんの伝える力、村上龍さんの想像力

高いハードルを飛び越える〝池上力〟

〝テレ東経済報道3番組〟に関わり続けて、さまざまな素晴らしい達人にお会いできました。中でも、「表現する」という根幹の部分で多大な影響を受けたのが、ジャーナリストの池上彰さん、そして小説家の村上龍さんです。

この章では、私がお付き合いさせていただく中で参考にしている、ぶっちゃけ言うと盗ませていただいている、お二人の達人技をこっそりお伝えします。

「未来世紀ジパング」は、「遠くを、身近に」のハードルの高さに苦しんでいましたが、そこをヒョイと飛び越えるのが池上彰さんです。

ただ、東京工業大学をはじめ、いくつかの大学で教鞭をとり、新聞や雑誌にいくつもの連載を抱え、書き下ろしの書籍も常に進行中。もちろん他局も含めたニュース解説でご活躍なのはご存じの通りで、とにかく多忙な方です。ジパングにも簡単には出ていただけませんが、それでも企画次第では乗っていただけます。

半年ほどかけて金山ディレクターが、難しいとされていたイラン取材の許可を得られたときもそうでした。「イランは取材に行きたい」と、スケジュールをやりくりして参加してもらえたのです。

池上さんは何でも知っている――。皆さんご存じの通りです。そんな中でも、「中東」については、かなりの博識、専門家です。同行したイスラム圏の海外取材を通じて、「池上さんの伝える力」のすごさと極意に迫ってみます。

２０１３年10月、イランの首都テヘラン。

私は、池上彰さんとエマーム・ホメイニ国際空港に降り立ちました。「未来世紀ジパング１００回記念スペシャル」の取材のためでした。私は初めてのイランです。入国審査から緊張しました。訪れる前に、予習のため『アルゴ』という映画を観ていたからです。

『アルゴ』は、１９７９年に起きたイランのアメリカ大使館人質事件が題材。ベン・アフレック演じる米ＣＩＡの主人公が、イラン側を欺きながら人質たちを出国させる作戦をリアルに描きます。最後のシーンがホメイニ空港。出国審査官に偽装がバレる場面が本当にドキドキで恐ろしく、そのイメージにとらわれていました。

「彼らは英語をほとんど話せないけど、心配ないですよ」

池上さんは、そう声をかけながら入国審査場を先に抜けていきました。

私の番です。頭から黒いストールを巻いた審査官の女性にパスポートを出しながら話すのですが……確かに通じません。「スリー？　フォー？」とか聞いてきます。カタコトです。数字は英語でなんとか話せる程度。お互い拙い英語で一生懸命やりとりして、「4日間取材で滞在する」ことが通じてパスできました。

確かに、池上さんが予言した通りだったので、何だかホッとしました。それにしても国際空港で英語ができないとは何だ、と文句を言っていると、池上さんいわく、「それだけ反米。敵対関係にあるということです」。

なるほど、敵対国の言語を使わない。イランとアメリカの基本的な緊張関係を、一発で理解できました。

続いて、空港ターミナルの外に出ると、あちこちから声がかかります。

「タクシー、アルヨ」「どこまで行く、トーキョー？」

んっ、日本語？　しかも冗談まじり？　意味がわからず呆然としている私たちの横で、池上さんがつぶやきました。

「前と同じだ。昔、日本に出稼ぎに行っていた人たちですよ。白タクをやっているんですよ」

20年くらい前に上野公園にたくさんいて話題になった〝出稼ぎイラン人〟、懐かしい思いが甦ります。こんなところで接点があるとは面白い！　私はすかさず同行していた金山Dに

「撮って、撮って」とカメラ撮影の指示を飛ばしました。

このように、池上さんとロケ取材に出ると、とかく発見の連続なのです。

取材の道中でも解説が聞ける役得

池上さんは、実はこれが2回目のイラン。

「ＮＨＫを辞めてフリーになった直後に、最初に来たのがイランなんですよ。54歳で辞めてもちろん自腹。退職金をつぎ込んで取材にきました。もっと中東のことを知りたかったのです」

だから、空港の審査官のことも、日本語を話す白タク運転手のことも、よく知っていたわけです。

池上さんがＮＨＫを退職したのは２００５年のこと。今でこそ、中東やイスラム世界のニュースは普通に目にする、デイリーニュースのようになりましたが、まだ日本では関心が薄い時分から注目し、たった一人で、自腹で取材旅行をしていたとはかなりの先見の明です。

「ハディースも読んだほうがいいよ」

金山Ｄが、「イスラムを知るために、コーランは読んだほうがいいのですか」と尋ねたところ、こんな返事が返ってきました。

コーラン（クルアーン）は、神（アッラー）の啓示を預言者ムハンマドが語ったもの。イスラム教の聖典ですから読むのは当然のこと。さらに、ハディースも読みなさいと教えられたのです。

ハディースは、ムハンマド自身が語った言葉や、その行動が伝承としてまとめられたもの。こちらのほうが、ムハンマドの生活が詳細にわかったりするので、面白いのだそうです。

その後、金山Dがハディースを読んだかは定かではありませんが、取材の道中で、こういう池上解説を聞かせてもらえるのは、これぞ役得！かもしれません。

共通ワード化――池上彰さんの極意①

「あの人がそうだよ」

テヘランのバザールを取材していると、池上さんが突然、われわれにささやきました。その視線の先にいたのは黒装束の太った女性。イランの女性の伝統的な衣装、チャドルを頭からすっぽり着ているため、体の線が見えず、正しくは、「太って見えた」女性です。

その女性が、若いイラン女性をつかまえて何か文句を言っているようです。すると若い女性は、カラフルなスカーフを頭からすっぽりかぶり直して、そそくさと退散していきます。

「ほらね、あの人が警備係。若い女性の服装の乱れをチェックしているんだ」

イランは、ホメイニ師によるイスラム化革命によって、厳格なイスラム原理主義の国となりました。

「今も街中で、イスラムの教えに背いている行為をチェックする。髪の毛や肌が見えていたらちゃんとしなさいと怒られる。〝風紀係〟のような人がいるんだ」という池上さんの指摘を受けて、取材班はその現場を撮影しようと、バザール内を張っていたのでした。

こういう、日本とのギャップを感じられる現場をものにできたときは内心ガッツポーズです。それもこれも、「風紀係」というわかりやすい、クスッと笑ってしまうような表現で池上さんが教えてくれたお陰です。

池上彰さんの〝伝える力〟、そのひとつがみんなが知っている共通ワードへの〝置き換え〟のうまさにあると思います。

驚異の現場対応力──池上彰さんの極意②

池上さんとジパング取材班がイランを訪れたのは、イラン革命以来ずっと断絶してきたアメリカとイランの大統領が、34年ぶりに電話で会談したという歴史的なニュースの直後のことでした。

本書を執筆している現在は、アメリカがトランプ政権になってまた関係が悪化してしまいましたが、当時のオバマ大統領とロウハニ大統領は融和へと動き出し、ツイッターでお互いやりとりし合ったほどでした。

先に現地入りして取材していた金山Dが、「米・イラン関係の情勢の変化を示すものをテヘランの街中に見つけた」と言うので向かいました。それは、長く掲げられてきた「反米」看板が撤去された現場でした。

そこは市中心部のロータリー。確かに看板の骨組みだけが残っていました。掲げられていた当時の写真などをあとから入手すれば、放送の際にはビフォー・アフターを対比することで、米・イラン関係の大変化を示すことができます。

池上さんがカメラマンを連れて、その骨組みの前でレポートを始めました。

「ここには以前、反米スローガンのポスターが掲げられていました」

と、そのときです。

「勝手に撮るな！」。Gジャンを着た、いかついイラン人男性がカメラの前に割って入って

池上彰さん、イラン・テヘランのレポート中に突然……

きました。突然の取材妨害です。

　制服を着ていないので気づきませんでしたが、イラン革命防衛隊に連なる秘密警備員だったのです。

　イラン国内はこのとき、対米融和派と昔ながらの反米保守派の主導権争いが起きていました。革命防衛隊は保守派の中核組織、隠然たる力を持ち続け、街中を見張っていたのです。

「やっぱり、まだ自由には取材できないんですねえ」と池上さんがボヤきつつ、撤収です。ＣＰたる私は、「何かあってはいけない、ましてや拘束などされてはまずい」と、スタッフと取材車に逃げ込もうと躍起になっていました。

　しかし、こういうピンチで力を発揮するのが「池上無双」。ここからがすごかったのです。ふと見ると、カメラマンと何やら話しています。以下は、実際の放送で使用した生々しい現場の様子です。

「まだ回っている？」

カメラマンが構えるのをやめて歩き出しながらも、「停止」ボタンを押していないのを確認したのです。その上で、監視人に気づかれないよう、ひとりつぶやくようにレポートを始めました。

「途中になってしまいましたね。ロウハニ政権が反米スローガンを撤去することを快く思わない、それを自由に報道されたくない、そういう国内の動きがあるのです」

そう語り終えたときに取材車に到達、何もなかったかのように乗り込みました。

どうですか、この伝える力！

一瞬の出来事でしたが、イランの国内情勢を一発で示す、とても〝テレビ的〟で、しかもジャーナリスティックな深い現場レポートとなりました。

ブラックな返し——池上彰さんの極意③

「えーっ、大久保君もあそこにいたの⁉」

その後、テヘランを離れてペルシャ湾の石油施設取材へと向かう国内線の機内。隣り合わせになった私は、池上さんとのご縁についてとっておきの話をしてみました。「大学生のときに、池上さんに習っていた」と。

私が大学3年生のときに通った「NHKマスコミセミナー」。マスコミ志望の学生向けに、現役のNHKキャスターたちが体験談を語ったり、作文の添削、品評をしたりしてくれる教室でした。講師の一人が若かりし頃の池上さんでした。あのヒット番組「こどもニュース」を手がける前で、当時、「ニュースセンター845」という夜の15分間のニュース番組のキャスターでした。

セミナーでは毎回テーマを振られて作文を書き、講師が見て寸評をつけて返却してくれます。私は「可もなく不可もなく」が続いていたのですが、池上先生のときに、「視点が良い」と褒められたのです。これは驚きであり、うれしさ100倍でした。なぜなら自分の作文が評価されたのは、これが初めてだったからです。

当然、池上さんは覚えているはずもありませんでしたが、私にとっては、とても大きな、勇気づけられる寸評でした。

漠然とマスコミで働きたいと思ってはいたものの、競争倍率も高く、まったく自信がありませんでした。親からも「無理だろ」と言われていました。大学もマスコミ志望者がほとんどいない大学、学部で、受験仲間もおらず孤独でした。

そんな先の見えないトンネルの中でもがいていたときに、初めて褒められたのです。単純な性格も幸いして、「いけるかも」という手応えを初めて感じました。今もこうして、NHKではありませんが、マスコミで仕事をさせていただいているわけですから、きっかけを与えてくださった恩人です。

そんなちょっと重い話をしてしまったところ、池上さん、

「悪の道に引き入れてしまいましたね」

出ました、池上さんらしいブラックな返し。

「いや本当にそうですね」などと答えつつ、笑うしかありません。こちらの思いがたくさん乗っかった学生時代のちょっと気恥ずかしい思い出話を、さらりとユーモアに変える会話術、1対1の間合いの取り方が絶妙です。

20年の時を超えて、しかもなぜかイランの上空で。世界は、この世の中は、意外と狭いということなのでしょうか。ご縁というのは何とも不思議なものです。

さて、池上さんのイラン取材回「池上彰が解き明かす！〝謎多き国〟イラン」（2013年11月25日放送）は、「未来世紀ジパング」の2周年、放送100回という記念すべき回で

したが、番組もついに「ブレークの時」を迎えました。

いつも通りの緊張感みなぎる放送翌日、私は朝から人間ドックでした。検診服に着替えるロッカー室で９時を迎えました。

恐る恐るメールを開くと、７・５％！

内容も好評でしたが、それまで苦しんでいた視聴率が一気に跳ね上がったのです。人間ドックのロッカーから池上さんにすぐショートメールで報告しました。

「やりましたね。よかったですね」とすぐに返信がきました。

なんだかいろいろうまくいった、自分としては忘れられない回となりました。

そこから、池上さんが行く「イスラム世界」シリーズで一気に攻勢をかけました。放送の５日後には、また池上さんと、今度はバングラデシュへと飛びました。

出すから入る——池上彰さんの極意④

ご存じの通り、池上さんはいろいろ知っています。政治、経済、社会、宗教……。スポーツはそうでもなさそうに見えますが、実は広島カープのファンで、シーズン中は試合結果にやきもきされています。さすがに芸能音楽は疎いのではと思いきや、

「私はＴＲＦを聞いてましたね」

小室哲哉さんのニュースについて話していたときのことです。

「マジですか？　ＴＲＦですか！」

「そう、それも小文字のｔｒｆの頃からね」

ちなみにＴＲＦとは、小室哲哉さんがプロデュースして１９９０年代に大ブレークしたダンスと歌のグループです。ウィキペディアで調べると、93年のデビュー当時が「ｔｒｆ」で、96年に「ＴＲＦ」に改称したとあります。

多忙な中、いつそんな音楽を聴いているのでしょう。あるとき、こんな質問をぶつけてみました。

「どれだけ引き出しがあるんですか。そんなにたくさんの情報が、よく頭に入りますね」

すると池上さんは、「出すから入るんですよ」とのお答え。

確かに池上さんは、テレビ番組、新聞、雑誌……あらゆるメディアで解説をし続けています。それが「出す」という行為です。それを続けているからこそ、情報が頭に入るのだ、というのです。

もう少し詳しく、池上さんの「出し入れ的日常」を、私が目の当たりにした範囲で紹介しましょう。

「イラン」の成功から5日後。２０１３年11月29日深夜の羽田空港。

「今回もよろしくお願いします」と言いながら池上さんがやってきました。これから、深夜便でタイ・バンコクを経由して、バングラデシュの首都ダッカへと向かうのです。

池上さんと海外取材に行くときは、このように空港で落ち合うのですが、スーツケースを預けたあと、なぜか手荷物をたくさん持ち込みます。このときもそうでした。何冊もの本や新聞などの切り抜きの入った紙袋、それに連載中の原稿の「ゲラ（校正刷り）」の束などです。

「いや〜、行っている間に締め切りの連載が2つあるんですよ」と平気な顔で話します。飛行機の中で原稿処理をしたり、時事情勢のチェックをしたりするわけです。

ちなみに、「本」と「切り抜き」がこれから頭に「入れる」情報、つまりインプットで、「ゲラ」が「出す」情報、アウトプットということになるかと思います。

日頃多忙な池上さんは、睡眠時間も相当短いそうです。番組側としては取材地に着いてからガンガン仕事をしてほしいので、飛行機の中くらいは爆睡して体調を整えていただきたいのですが、こんな凡人の考えなどまったく通じません。

早朝、バンコクのスワンナプーム空港に着くと、

「いや〜、ゲラをひとつ上げられました」と話すではありませんか。ゲラのチェック作業というのは、一度書き上げた草稿を出版社が本の体裁に印刷したものに、誤字脱字がないかなど細かく確認するものです。相当神経を使うはずなのですが……。

そしてトランジットしてダッカ行きの機上に。ふと見ると、今度は切り抜きを眺めています。

ご存じですか。テレビや著書などで披露されている、私も真似している、あの「池上式切り抜き」です。ご存じない？　ではここで池上彰著『考える力がつく本』（小学館文庫プレジデントセレクト）から、ちょっと引用しつつ紹介します。

私の朝は、自宅に届けられる10の新聞に目を通すことから始まります。

でも、朝はあくまでざっと目を通すだけ。この段階では読みません。

読むのは夜です。朝、目を通した12紙（注：駅のキオスクで買った2紙を加算）をあらためて取り出して読み直します。この段階で、とりあえず取っておこうと思った記事は、そのページをビリビリと破いてしまいます。

ビリビリと破いた紙面をどうするのか。とりあえずそのまま寝かせておきます。「ニュースを寝かせる」のです。

破り取ったニュースがどれほどの価値があるのかは、しばらく経ってみないとわからない。そこは自分の頭ではなくて、時間の経過に判断してもらおうというわけです。

では、どのくらい寝かせるのか。だいたい数週間経った段階で、あらためて取っておいた記事を読んでみる。その段階で、「ああ、このニュースはもういいや」と思えば、その時点で古紙回収袋行き。「やっぱりこのニュースは取っておこう」と思った記事は、この段階で初めて記事を切り抜いてＡ４の紙に貼り、ファイリングしていきます。

この切り抜き法の何がいいかというと、私のようなものぐさな人間でもできそうな感じがするところです。ビリビリ切り取るだけでとりあえず放っておけばいいのですから。

かつてはカッターで綺麗に切り取って、スクラップブックにピッタリ合うように考えながら糊で貼っていく、という正統派切り抜き法しか知りませんでしたが、その作業をするだけで手間も時間もかかり、すぐに嫌になって投げ出したものでした。

もっとも、真似をさせていただいていると言いましたが、最後のファイリングまではなかなかたどり着いていないのが現実です。

さて、ダッカ行きの機内でも切り抜きを眺めながら、インプットにいそしむ池上さん。現地に着いてからも、「池上式出し入れ的日常」が垣間見られます。

取材現場へ向かうロケ車の中で、今度は「出す」ほう、つまりアウトプットが始まるのです。現場に着く前、テレビレポートをする前なのにです。

「バングラデシュは、昔、東パキスタンだったんですよ。インドからイスラム教のパキスタンが独立したときのことです。その後、大きなインドを挟んで、東パキスタンと、西の今のパキスタンとが距離が遠すぎてひとつの国として物理的に難しくなって、さらに独立したんです」

おなじみの池上解説です。池上さんは、テレビの中だけでなく、そうではない場でもこのように解説してくれるのです。

この後、取材現場、さらには東京のスタジオで、と何度も同じような解説をするのですが、まったくそれが苦にならないようなのです。あのテレビで観る池上解説は、池上さんにとっては実は日常です。おそらくこれが、池上さんのアウトプット。

出し続けることで、入ってくる、ということなのだと思います。一回言ったらもうおしまい、面倒臭くなってしまう私のような凡人とは、やはり「出し入れ」の桁が違うわけで、それが情報量の雲泥の差になって現れるというわけです。

遭遇力——池上彰さんの極意⑤

バングラデシュには、「ニッポンの貢献力」というテーマで取材に行きました。「アジアの最貧国」と呼ばれてきたバングラデシュの人たちのために奮闘する日本人女性や、インフラ作りで貢献するＪＩＣＡ（国際協力機構）の活動にスポットライトを当てる企画でした。

その頃、バングラデシュ国内は政治対立が激しく、「ホルタル」というゼネラルストライキが全土で頻発していました。訪れたときにちょうど国政選挙が始まっていて、与野党のそれぞれの支持派による衝突が起きていました。

「投票所を見に行きましょう」

池上さんの掛け声で、ダッカ市内の投票所に向かいました。現場に着くと、人が大勢集まっていて、その奥はものものしい警備。緊張感が高まりました。ロケ車の中では寝ていた池上さんでしたが、現場に着くと記者としての血が騒ぐようで、ずんずんと投票所の入り口へと進んでいきます。そのときでした。

池上さん、バングラデシュ・ダッカの取材中に爆発事件

バーン――。かん高い爆音です。遅れて歩いていた私は一瞬、何が起こったのかわかりません。あたりを見回すと、池上さんがカメラマンに声をかけています。

「回ってた⁉」

「はい！」小柴カメラマンが答えます。

その瞬間、カメラを回していたのです。すかさず池上さんがレポートを始めました。

「今、爆発しました。白い煙が上がっています。反政府勢力がこのようにあちこちで小型爆弾を爆発させているのです」

爆発現場に駆けつけると、手製の小型爆弾が爆発した跡がありましたが、幸いに被害はありません。反体制派が爆音で威嚇、アピールしたものだったようです。

またしても、バングラデシュ情勢を一発で示す緊迫の現場レポート取材になりました。数日の短い取材期間で、この〝遭遇力〟。運の問題なのか、それとも運も実力のうちなのか。いずれにしても日頃から情報を膨大にインプットしているからこそ、〝遭遇力〟を生かす〝対応力〟が光るのだと思います。

「池上無双」、恐るべしです。

村上龍さんの挨拶で、いきなりの親近感

2016年6月、私にとってまた大きな転機が訪れました。

「今からカンブリア宮殿の10周年パーティーがあるから、大久保も来てくれるか」

吉次報道局長からの電話でした。「未来世紀ジパング」の立ち上げからもうすぐ5年、視聴率も目標に届くようになった段階で、経済3番組のもうひとつ、「カンブリア宮殿」への異動となったのです。

突然呼ばれ、会場の東京・内幸町、日本プレスセンターに向かいました。局長の趣旨は、とりあえずカンブリアの2人の出演者に挨拶に来いということでした。

パーティーは始まっていました。ちょうど「カンブリア宮殿」のインタビューアーを務め

る村上龍さんが、サブインタビューアーの小池栄子さんとともに挨拶を始めたところでした。村上さんが、番組と同じ様子で、ぶっきら棒に見えながらも親しみのある感じで話していま
す。

「あのー、『半島を出よ』っていう小説を書く準備をしているときに、悩んだんですよね……」

いきなり引き込まれました。『半島を出よ』。北朝鮮情勢をテーマにした、私が感銘を受けた小説です。その話題を、その著者が生で話しているのです。

「北朝鮮に詳しい人に会いにわざわざ韓国まで行くか、これって大変なんですよ。その人のバックグラウンドから調べたりして手間がかかるんで。そこまでしなくても書けるんじゃないかという思いもあって、二つの道で悩んだんです。ですけど、本当は初めからその答えはわかっているんです。面倒なほうが正解なんですよ」

ほーっ、村上龍さんでも悩むのか。しかも内容は、「面倒な道を行くか、それとも楽をするか」です。共感するというか、不思議な親近感を覚えました。

村上さんのスピーチの趣旨は、カンブリア宮殿も同じように毎週続けるのは大変で面倒だが、それが正しい道だから10年間やってこられた、というものでした。

村上龍さんは、言うまでもなく、芥川賞作家にして、日本を代表する小説家。「小説家」

という職業の人と仕事をする、お付き合いをするのは私にとって初めての経験です。最初の場面から心をつかまれましたが、その後もいろいろと〝達人の極意〟を発見していくこととなります。

「龍さんメモ」の衝撃

「カンブリア宮殿」は「ガイアの夜明け」のスタートから4年後の2006年に、ガイアメンバーだった福田一平CPが中心になって立ち上げた番組です。

やはり「カンブリア」というカタカナ言葉が番組タイトルに盛り込まれていますが、これは今から5億5000年前、地球上で生物の大進化が起きた「カンブリア紀」がモチーフとなっています。

ここから、「今の平成の時代には経済の大変革が起きている」と着想、進化を担う経済人たちにスポットライトを当てようというのがコンセプトです。「村上龍の経済トークライブ」をキャッチフレーズに掲げ、ドキュメント中心のガイアとは差異化を図っています。

「カンブリア」を提案したのが村上龍さんだったそうです。ですから、この番組の底流には、〝村上龍イズム〟が貫かれています。ここが、ガイア、ジパングとは違う〝色〟となっていて、

収録前日の村上龍さん（奥から2人目）とスタッフとの打ち合わせ

私が最初、面食らったところでもあります。それが何なのか。カンブリアの制作過程に沿ってご紹介したいと思います。

毎週のラインアップは、ガイアやジパングと同じように、プロデューサーやディレクター、それに外部の制作会社の方々からの企画提案をもとに、最終的にＣＰが決定します。このプロセスには、村上さんは基本的に関わっていません。でも、なーんだ制作陣に乗っかっているだけなのね、なんて甘く見てはいけません。

スタジオ収録に向けては、その回ごとに参考資料をまとめて、村上さんに届けます。その後、ディレクターたちが取材して作ったＶＴＲを披露しながら、スタジオの台本について村上さんと打ち合わせをします。この前日に、スタッフ宛に「龍さんメモ」と呼ばれるものが、村上さんからメールで送られてくるのです。

これを初めて見たときに驚きました。

毎回の収録では、2人の経営者を招くので、2人、2社分のメモです。このときは秋田県でホテルやレストランも経営する異色の劇団「わらび座」と、産廃業から日本屈指のリサイクル企業になった「石坂産業」でした。

驚いたのは〝龍さんメモ〟の分量です。わらび座が約2500文字、石坂産業に至っては4900文字にわたって、村上さんが調べ上げたポイントが書き連ねられていたのです。

例えば石坂産業の場合は、先代社長の父親の生まれ育ちから、産廃業を始めた経緯、さらに娘である社長本人の経歴と、変革の歴史が詳細にまとめられていました。

こちらが用意した資料だけでなく、インターネット、さらにはご自分の人的ネットワークも駆使しているようです。もうこの時点で、はっきり言って、担当するプロデューサーやディレクターよりも詳しく、ゲスト（石坂典子社長）のことを知る人間になっているのです。

村上龍さんの質問術

「想定質問」を練るために、インタビューする相手のことを徹底的に調べ上げる、これが村上龍さん流です。きめ細かく周到なのです。ここまでのメモをまとめている人は初めて見ましたし、もちろん自分が取材、インタビューするときに、ここまでは到底できていませんでした。

そのポイントは何か、村上さんがご自分で「聞く極意」をまとめた本（『カンブリア宮殿村上龍の質問術』、日経文芸文庫）から引用させていただきます。


何よりも準備が必要だ。……著書があれば読み、ブログがあればそれも読んでおくのが望ましい。……その会社について、徹底的に資料を読み込んでおくことが必須となる。


通常、龍さんメモをもとにした打ち合わせは、3時間近くみっちりやります。ゲストに「どう聞くか」「どう質問するか」を延々と練るのです。

そして、収録当日も、それぞれの回で、今度は小池栄子さんも交えて、1時間近く打ち合わせを行います。村上さんは、前日の打ち合わせ後も、ゲストへの質問を考え続け、当日になって、「やっぱりこう聞きたいですけど、いいですか？」などと修正を加えていきます。聞き手としての責任感がなせる業だと思いますが、質問に対するこの執念、粘りはすごいです。

さらに、村上さんに連れ添って10年以上の小池栄子さん。女優としてますます活躍中の彼女も、これまた鋭いのです。素朴な視点から制作陣に質問したり、村上さんが行きすぎていると思ったときには疑問を呈したりします。雰囲気を読む達人で、例えば私などが単刀直入に村上さんに疑問を呈すると気まずいだろうなといった場面で、先回りして、「龍さん、元の質問のほうがわかりやすいんじゃないですかね」などと、さり気なくフォローしてくれたりします。

たかが質問、などと思うなかれ、画面に見えないところ、舞台裏で、このようにかなりの準備をし尽くしたところで、ようやくスタジオの近未来風宮殿セット（カバー写真参照）にゲストを迎えるのです。

最近の収録で、「聞く」に関するやりとりがあり、村上さんの視点が垣間見られる場面がありました。ゲストは、あのライザップ、瀬戸健社長です（２０１８年2月8日放送）。ライザップのダイエット、「結果にコミット」は、客に付き添うトレーナーの支えがあることが重要なポイントなのだと、瀬戸社長が語ったときのやりとりです。

村上「トレーナーにとっては、コミュニケーションスキルがすごく大事なんでしょうね」

瀬戸「コミュニケーションスキルの中でやはりヒアリングする力ですね。聞く力。やはりお客様のことを知るからこそ、ゴールを共にできるわけですから、まず聞く、というのを重要視していますね」

村上「聞くって難しいんですよね。カンブリア宮殿の司会も、僕らがしゃべってもしようがないんです。ゲストに話していただかないといけない。でも、『聞く』って難しい割に日本の教育の中で勉強してこなかった、する機会がないんですよ。聞くためにはやっぱり知識が必要ですからね」

確かに、「聞く」、「質問する」ことについて、学校で習ったことはありません。「答え」こそが大事であり、聞き方、質問の仕方はそんなに重要視されていなかったですよね。

村上さんは、そのために相手の人物史（村上さんは「時代軸」と呼んでいます）を知る、理解することを徹底するわけです。しかし村上流の質問術はそれだけではありません。

村上龍さんの想像する力――面倒な道を行こう！

2017年9月、小池百合子氏が「希望の党」を立ち上げ、政界に旋風を巻き起こしました。「希望」を党名としたことについて小池氏は、このように説明しました。「日本にはありとあらゆるものがある。ものがあふれている。でも今、希望がちょっと足りない」

このフレーズをめぐって一部で議論が沸騰していたのをご存じでしょうか？

さかのぼること17年前、村上龍さんが2000年に出した小説『希望の国のエクソダス』にそっくりのフレーズがあったのです。

「この国には何でもある。本当にいろいろなものがあります。だが、希望だけがない」

この作品は、日本の中学生80万人が希望のない学校を捨て、大人社会を捨て、北海道に先進的な半独立国を建設する、という傑作長編小説。その中で、中心人物のポンちゃんが語った言葉です。

17年後の日本社会がそこまで不穏になったわけではありませんが、その核となるテーマ性（希望の格差）が、一大ブームとなってシンクロしたのです。どうですか、この予見力！

さらに10周年パーティーの際に村上さんが引き合いに出して語っていた、『半島を出よ』。読んだ方はよくわかると思いますが、今の北朝鮮情勢と何となく不気味に通じる部分がありますす。概略は、北朝鮮が日本に押し寄せてくるが、危機対応ができない日本政府は大混乱に陥ってしまう。しかし救世主が……というものです。これも2005年の出版。実に13年前のことです。

村上龍さんが、ここまでの未来を予見しようとして小説を書いているかどうかはわかりません。が、相手や対象を徹底し調べることを基本としているから、想像できるのかもしれません。そして、そこにはもうひとつ極意があるようです。
先ほどの『カンブリア宮殿　村上龍の質問術』に、その極意がうかがえる部分があります。質問に向けた準備の重要性を提示したあとに、こう続きます。

それが前提で、その中から、「核となる質問」を考えてみる。核となる質問は、資料を読み込んでも、相手に対する興味がなければ、なかなか思いつけない。相手への興味は、好奇心から生まれる。……好奇心というのは、「疑問」とほぼ同義語である。ものごとを「疑ってみる」ことと重なる。「あれは何だ」「あれはどうして発生したんだ」「あれは発生したあと、どうなり、どういう影響をもたらすのか」という疑問を常に持つこと。他人の言うこと、特に権威のある人の言うことを鵜呑みにせず、自ら考えてみること。それらを継続することが、好奇心を維持し、質問を考えるための必須事項となる。

相手に対する好奇心を持つ——。まさに共感するところです。テレビの制作者も、これがなければ、いいものができないと断言できます。とにかく取材対象、テーマを「面白がれるか」です。制作者が面白がっていないものを、視聴者が面白がれるわけがないからです。

こうした村上プリンシプル（極意）から、例えば17年後に政界で話題となるキーワードが生まれ、相手、テーマ、それに未来に対する並外れた「想像力」が生まれているのだと思います。

とはいっても、「準備して、好奇心を持って、疑う」、これを貫き通すのはなかなか真似できないというか、一瞬ひるんでしまいます。

そんなとき、村上さんはこう言うのかもしれません。

「面倒な道と楽な道……答えは最初からわかっているんですよね」

第8章

「リンゴの裏側」をどう伝えるのか

デモが頻発するナイジェリアで日本人駐在員は……

リンゴの裏側は見える？

達人の極意を見てしまったので、行くところまで行った感もありますが、ここでまた、身近なレベルに戻ってみたいと思います。あと少しお付き合いください。

経済3番組のプロデューサーの最も重要な仕事が、「プレビュー（試写）」です。放送前に、ディレクターが取材して編集した映像と原稿をチェックしていく作業です。まずは事実関係の検証が大事なポイントですが、もうひとつ大事なのが、視聴者が観て、わかりやすいか、関心を持ってもらえるか、という観点からのチェックです。

つまり撮影した映像の選択や編集、構成が適切かを見極めるのです。これには、結構な時間がかかります。放送までに3～4回は行われます。

私の体験でも申しましたが、ディレクターは現場の最前線に行って、誰よりも現場と長い間、接しているので、伝えたいことが山のようにあります。だいぶ先に行ってしまっています。ラテ欄の項でお伝えした通り、放送で初めて観るという視聴者とは、異なる次元に立ってしまっていることがあります。

例えば、専門家にしかわからないような内容になっていたり、えらい狭く小さい部分にこだわってしまったりします。それを構成作家さんの助言ももらいながら、視聴者の目線に引き戻していく役目がプロデューサーには求められるのです。

ディレクターがまとめてきたものを初めて観て、ちょっと浅いなあ、一面的だなあ、と感じると、「真裏から見てみよう」と、こんな例え話をすることがあります。

「今、目の前にリンゴがあるとします。見えますよね？　全部見えますか？　えっ、見える？そんなわけないでしょう。そこにいたら裏側は見えないんじゃないですか？　ひょっとしたらアップルのロゴマークのようにひと齧りされているかもしれないですよ……」

つたない例え話で恐縮ですが、リンゴは正面からはどうやっても、物理的に１８０度の視野角分しか見られません。じゃあどうするか。

通常は「俯瞰する」。つまり鳥の目になって高いところから全体像を見る、というのが模範解答かと思います。

でも、「言っている意味はわかるんだけど、どうも俯瞰が難しいんだよな」というのが私の実感です。うまく実践できないのです。おそらく鳥の気持ちがわからない人間なのかもしれませんが、私には「俯瞰」はイメージしにくい概念です。

「もう1人の自分」に真裏から取材させる

そこで、体験的に考えるようになったのが、頭の中で向こう側にもう1人の自分を置いてみる、ということです。

そして、自分だったらどう見るか、どう考えるか、真裏から想像する努力をする。すると、見えていなかった裏側の180度分が理解可能になるように思えたのです。これで、鳥の目で見なくても、こちら側からの180度プラス、向こう側からの180度で、平面の上では全体を押さえられます。

「客観視」ということなのだと思いますが、これは鍛えられて気づくようになった視点です。ガイア時代に、野口Pの下でディレクターを担当した際、ガツンと思い知らされました。野口Pは、「粘りの野口」として定評がある人物です。

それは2005年12月の年末スペシャル「ニッポン式　世界に挑む」という放送で、私がセブン-イレブンの北京初進出を取材したあとのプレビューでのひと幕です。日本式コンビニの王者セブンが中国市場にどう挑むのか、その特色をまとめたVTRを見せていました。

「中国では、ビールを冷やす文化がない中、セブン北京は日本式で冷やす。中国では共働きなので家でほとんど料理をしないから、中食の惣菜に力を入れる」そんなストーリーのVTRでした。

「うーん……」。野口さんがうなったまま考え始めました。何が気になっているのかがわからず不安になります。しばらく経って、こう切り出しました。

「前提がないけどどうなの、それでいいのかな?」

前提、つまりビールを冷やさない、家で料理しない、という部分のことを言っているのです。

「えっ、そこからですか⁉」。驚きました。確かに、セブン北京の取り組みとして、冷やす仕組みや中食作りを懸命に取材し、面白おかしくまとめましたが、前提部分はナレーションで伝えればいいと思い、シーンとしては撮影していません。

「うーん、そこが知らないところだから、面白いと思うけど」

北京駐在経験もあり、中国通を気取っていましたが、それが裏目に出た瞬間でした。よく知っていて、慣れているから、視聴者が初めて観る視点から離れてしまったようです。

これは、しかし厄介でした。自分の感覚を通すと気付かずスルーしてしまう前提です。このときは納得したので、野口Pの指摘通り、その部分を再取材しました。

ただ、再取材の時間とチャンスがあったからいいものの、その瞬間を逃すと2度と撮れないことも多々あります。本当は、言われる前に気づく必要があります。今回は、野口Pになったつもりで再取材しました。でもいつも野口Pと組むわけではありません。そこで考えました。そうか、そこに自分を置けばいいのかも、と。

以来、可能な限り、もう1人の自分を真裏に置くというイメージを実践しています。これが、自分なりの「客観」の取り方だと思っています。本当は、もう一人ずつ、右90度と左90度に置いたほうが精度が上がるように思いますが、そうなってくると、本来の自分がどこにいて、本当にやりたい、伝えたいことが逆にボケてしまうような気がするので、まあそこまではやりません。

というか、現実、できませんが。

ナイジェリア駐在、日本人の表と裏

「表から見て、裏からも見る」ことの有効性を再認識したのが、「未来世紀ジパング」がスタートして間もない2012年に取り上げた、ナイジェリアの回でした。このときは立場は変わって、ディレクターではなく、チーフ・プロデューサーでした。

当時、ナイジェリアは、ＢＲＩＣｓに次ぐ成長有望国、ＮＥＸＴ11のひとつとして注目されていました。人口は1億５０００万人、ある調査では「幸福度世界2位」、映画産業が沸騰していて、しかも世界有数の石油大国。中国をはじめ世界からの進出も相次いでいました。

しかし日本からはこの可能性を秘めるアフリカの国への進出は遅れていて、当時ナイジェリア在住の日本人は１００人ほどしかいませんでした。さあ、日本はこれからどうすればよいのか、という趣旨で、日経映像の北條ディレクターが取材して帰ってきました。

そのプレビューのときのこと。ＶＴＲは、ハリウッドを目指して映画産業が盛り上がっている現場、オイルマネーが急増してドバイ並みの人工島建設が始まった現場など、どれも見たことのない、ワクワクする「沸騰現場」の連続でした。まだ治安面が不安な見知らぬ国でよくぞ取材してきた、と称賛に値しました。

ただし、1つだけ、なんだか違和感を覚える場面がありました。日本から進出している企業の現地駐在員を取材した部分でした。その頃、ナイジェリア情勢はデモが起きるなど少し不穏だったのですが、商都ラゴスに駐在する日本人取材は、居住するマンションに引きこもっている様子だけだったのです。

「日本人駐在員はこれだけ？」と私が指摘したところ、

「ダメなんですよ、彼らは。尻込みして、ずっとマンションにこもっているばかりで」と、ディレクターからはまるでダメ扱いです。

ここで私はうーんとうなりながら、「真裏から」見てみました。日本から遠く離れたアフリカ西部、ほとんどの日本人にとってはどこにあるかも定かではないような、言い方は悪いですが辺境の地。歴史的、文化的なつながりもほとんどなく、しかも広い国土に日本人は100人。日本食の店もありません。

そんな土地でビジネスをする。これは大変です。20年前の発展前の北京に駐在した者として考えても、ラゴスのほうがとてつもなく大変そうです。たまたま今、取材の期間にピンポイントでやってきたディレクターの視点だけでダメ扱いしていいものか。

「これは、扱い方、描き方が真逆なんじゃないかな」と熟慮の上で指摘しました。北條Dは不意打ちを食らったような表情をしていましたが、説明して、納得してもらいました。事実確認をしながら修正をして、結果こういうシーンになりました。

日本から遠く離れた知られざる地で、直面するリスクを回避しながら、ビジネスのフロンティアを切り開こうと、孤軍奮闘する日本人駐在員たち。

視点の置き方、スポットライトの当て方で見え方はまったく違ってきます。最初とは異なる描き方でしたが、事実は事実です。現場でディレクターが目の当たりにして直感したものも事実ですが、表から見えた１８０度の視野角の向こう側にもやはり事実がある、そう再認識させてもらった忘れられないプレビューとなりました。

それは、不本意な社内電話から

真裏から見てみることで、思いもしなかった渾身のドキュメンタリー取材につながったこともありました。

それは２０１１年３月、東日本大震災の直後、私が「ガイアの夜明け」のＣＰだったときのことでした。

朝、自宅にいると会社から携帯が鳴りました。編成部からでした。

「このあいだのガイアの『中古ビジネス』、ＢＳジャパンで放送しても大丈夫かな？」

「ガイアの夜明け」は、ＢＳジャパンでは13日遅れで放送していました。震災前の３月８日に放送した「〝捨てない〟に商機あり――新・中古ビジネス」のことでしたが、言っている意味がわかりません。

この放送では、ある男性のスーツのリフォームを追っていました。2年前に奥さんを亡くし、男手ひとつで3人の娘さんを育ててきた市原さん。小学6年生の長女の卒業式に向けて、かつて奥さんとの結納の際に仕立てたスーツをリフォームするという、ジーンとくるストーリーでした。

「大丈夫って、何の問題もなかったですよ。どうぞ、おやりになってください」

私がそう答えると、意外な言葉が返ってきました。

「主人公の人、大熊町だったよね。福島原発のお膝元の……」

ようやく理解しました。福島第一原発のあの大事故のさなかに、大熊町の事故前の映像や人々が出てくる番組の放送は不謹慎なのではないか、やめたほうがいいんじゃないか、という趣旨でした。

ちょっとイラっとしました。大熊町だから放送しないというのは筋が違うのではないか、そんな反感を覚えたからでした。しかし、けんか腰で言い返す寸前で、はたと思い直しました。

市原さんはどうなっているのか、その確認が最優先でした。

「わかりました。安否や被災状況を確認しますので、ちょっと待ってください」

電話を切って、この放送回を担当した制作会社アングルラインの平林プロデューサーに安否確認をお願いしました。平林さんも、事の重大性に気づいたようで、ただちに動いてくれて、状況が判明しました。

市原さんと３人の娘さんは無事。しかし避難勧告が出たので、今、栃木県の那須高原に一時避難している。ＢＳジャパンの放送はぜひそのまま続けてほしいとのことでした。とりあえず無事で何よりでした。

編成部に電話し、ＢＳジャパンの放送をそのまま行うようお願いして、ほっと一息つきました。

渾身のドキュメンタリーが生まれた

そして、ふと思いました。放送する側からの目線、事情だけで、無事か、放送できるかと大慌てしたものの、市原さん一家は、原発事故で着の身着のまま故郷を追い出されました。ここからは、勝手なテレビマンの発想ですが、市原さんの家族を応援しながら、報道番組としてその深刻な実情を取材すべきではないかと。

局側の担当だったわが同期の川口Ｐに「行くべきじゃないかな?」と相談すると、「やるべきだろう！」と心強い返事。ただちに、平林さんチームには那須へと向かってもらいました。

市原さん一家は、娘3人のほか、祖父母を含めた7人で那須のコテージに避難していました。末っ子で2歳の優奈ちゃんのことを考えて、避難所は避けたということでした。しかし、まさに着の身着のままだったようで、「預金通帳もなければ身分を証明するものも何もない。財布に入っている現金だけでいつまで生活を続けられるか」（祖母）という不安な生活。長女の怜奈さん（12歳）も「何も持ってきていないし、全然勉強していない」と、中学校に通うめどさえ立っていませんでした。

緊急事態が起きます。2歳の優奈ちゃんが体調を崩したのです。夜、病院に向かいますが、慣れない土地で探すのも大変。ようやく見つけた病院で待っていると、今度は突然、真っ暗に。計画停電でした。そして自家発電の薄暗い診察室で診てもらったところ、「震災のストレス」が原因でした。大人でさえストレスに押しつぶされそうな毎日に、子供たちも必死に耐えていたのです。

結局、一家は先の見えない那須でのコテージ生活を断念し、大熊町が役場ごと避難している会津若松市に移りました。

4月16日、大熊町の中学校の入学式が会津若松で行われます。怜奈さんが、ようやく中学校に入学できたのです。そのとき、市原さんが袖を通したスーツは、あのリフォームスーツ。ガイア取材班が出会うきっかけとなったスーツでした。

そして新入生代表の挨拶に立ったのは、怜奈さんでした。

「友人とも離れ離れになってしまいましたが、私たちがこれからの復興の光となれるよう、みんなで力を合わせてすごしていきたいと思います」

まさかの事態に翻弄されながらたどり着いた、その晴れ姿を、思い出のスーツ姿で聞き入る市原さん。両手には、奥さんの遺影を抱えていました……。

涙なしには観られない渾身のドキュメンタリーでした。（2011年4月19日放送「シリーズ「復興への道」第3弾・原発に立ち向かう――ニッポンの技術と家族の絆」）

不本意に感じた一本の電話をきっかけにして、ここまでたどり着いたのです。

エピローグ

逆境にこそ燃える、テレ東社員！

タブーへの挑戦に「面白い！」と同時に、「ヤバい……」の警告音

これだけの人たちが精魂傾けて作っているのがテレビです。しかし、最近由々しき風評が……。

「テレビはオワコンだ（終わったコンテンツ）」などと若い人が言っていると聞きます。そりゃあ、かつてのようにテレビがお茶の間に鎮座していた時代とは違いますし、ネットメディアが勃興し、個人でも動画を作って人気が出たりする時代です。

しかし、こういうことを言われるほど、反骨心の炎がメラメラと燃え上がるのが、数々の逆境をバネにしてきたテレ東社員というものです。

2016年11月、テレビ東京は新本社に移転しました。30年以上にわたって慣れ親しんだ港区虎ノ門、駅でいうと「神谷町駅」近くの10階建てビルから「六本木一丁目駅」にできた超高層ビルに移ったのです（住所は六本木3丁目です、ややこしいですが）。

この節目に、会社をあげての「新本社移転プロジェクト」が立ち上がりました。こういうときは、テレビ局は盛り上がります。特に番組面では、何か新しいこと、インパクトのある企画を手がけるチャンスだからです。

「YOUは何しに日本へ?」とジャニーズのコラボ企画や、「未来世紀ジパング」の池上さんスペシャルなど目玉企画が目白押しとなった中で、深夜の時間帯でもチャレンジがありました。1週間通して局の若手ディレクターに任せようというスペシャルウィーク企画です。

そのうちの1つの曜日を報道局で、ということになり、私がプロジェクトのメンバーを務めていた流れでプロデューサーを任されました。

実際には、もう一人の報道局からのプロジェクトメンバーで若手の中村ディレクターが、さっさと動いていました。聞けば、すでに若手を集めてブレーンストーミングをしているそうです。

じゃあ、ということで私も参加させてもらいました。すると、「タブーに切り込む番組を作りたい」とのこと。実は、プロジェクトで一般視聴者にアンケートを取ったところ(「テレ東世論調査」)、「最近のテレビはつまらない」「切り込むような報道番組を観たい」という声があったのです。これに発奮して若手たちが立ち上がったというわけですが……。

最初に聞いたとき、「面白いじゃないか！」と思うと同時に、「ヤバイだろ……」というアラーム音が私の頭の中で響き渡りました。それはそうです。これだけのコンプライアンス社会です。報道だからといって下手な扱いをしてしまえば、大問題にもなりかねません。何かに挑むとなれば、それ相応の覚悟が必要となります。

おもむろにスマホを取り出して、三省堂国語辞典のアプリで【タブー】を引いてみました。そして、若手たちに読み上げました。

「タブー＝①神聖なものとして禁じられていること／もの。禁忌。②言ってはならないことがら。禁句。」

タブーに切り込むのは、言うは易し、簡単なことではありません。

「禁じられているから、他局も誰もやらないんじゃないの？」と私は、若手たちの行く手に立ちはだかるネガティブ上司、みたいになってしまいました。

なんかスッキリしません。でもよくよく考えてみると、「禁じられている」のは取材、放送ではありません。「触れちゃいけない」と先入観で決めつけるのはよくないな、と思い直しました。

「テレ東らしい、いい企画だ！」大先輩も太鼓判

とりあえず、ちゃんと「裏付け取材ができること」という条件をつけて、現実問題として本当にできる企画を各自考えるように指示しました。

そして後日、実際に出てきた企画案をみんなでもみました。おい、これはヤバイだろう、無茶だろう、という企画も出てきました。そこで、「裏付け取材ができるのか」の条件に加えて、「当事者に直接取材ができるのか」、という網もかけていきます。そうすると、方向性が何となく見えてきました。

「触れちゃまずいんじゃないか」「これはタブーなんじゃないか」と、世の中で「タブー視」されているモノ、コト、ヒトを、本当にそうなのかと直撃取材する、という趣旨です。当時、『忖度』という言葉が脚光を浴びていましたが、政治の世界に限らず世の中には『忖度』が溢れているんじゃないの？　という視点で番組を作ろうと決まりました。

この方向性の番組となれば、司会者、番組の顔はこの人をおいて他にいません。ジャーナリストの田原総一朗さん。テレビ東京の前身「東京12チャンネル」の元社員で、我々の大先輩なのです。若きディレクター時代には、まさにタブーに切り込んだ数々の武勇伝をお持ち

です。早速お願いに上がりました。すると、「今はタブーが多すぎる！　どんどんやってくれ。テレ東らしいいい企画だ」と乗ってくれました。

　女性の進行役も必要でした。こんなスレスレの番組を面白がってやってくれそうなぴったりの人がいました。『未来世紀ジパング』での名司会ぶりが板についてきたＳＨＥＬＬＹさんです。会いに行って説明すると、「おもしろそ〜」とこれまた乗り気です。しかも、逆提案までしてきました。

「フーゾクと売春ってどう違うんですか？」

「はっ？　どう違うって、そんなことは……」。呆気にとられました。

「女の人はほとんど知らないと思いますよ。タブーなのか、違法なのか、まったくわからない、知らない。ずっと気になっていたんですよ」

　なるほど――。目からうろこでした。風俗産業は何となく触りづらい、まさにタブー視していた最たるものかもしれません。女性だけでなく男性陣だって、合法か違法か、意外と知らないのではないでしょうか。決定です。

報道局を横断して追った、本当にヤバそうなネタ

いきなり話題が報道らしからぬ色物になってしまいましたが、本筋のネタはすでに決まっていました。

一つは、「パチンコ換金の実態」。最近、訪日外国人客の中で楽しむ人が増え始めていますが、「パチンコってカジノじゃないの？」と聞かれたことがありました。ちょうど「カジノ合法化」法案が国会提出前の時期で、確かに日本では「カジノは違法」でした。じゃあ、なぜ「パチンコ換金」が公然と行われているのか、佐藤Dが意外に知らないなあというところから突っ込んでいくことになりました。

もう一つが、「不動産〝おとり〟物件の闇」。不動産業界では、実際にはない、好条件の〝おとり〟の物件情報で客を引っ掛ける手口が横行している、そんな闇の実態を中村Dがスクープ取材します。

さらにもう一つ、滝田Dはある思想的な団体の隠密取材です。

さあ、方向性や内容は固まりました。ディレクターたちはそれぞれ、「WBS」「未来世紀ジパング」「財務省・日銀記者クラブ」からの参加、そしてプロデューサーは「カンブリア

宮殿」からという、まさに報道局横断的なプロジェクトが本格始動です。

やはり、ここでも番組タイトルで紛糾

ここで、いつも通り、紛糾、難航したのが……。番組タイトルです。名は体を表す、1回きりの特番でもレギュラーでも同じです。

今回の主力となる若手Dたちが強く主張したのが「タブー」です。もちろん企画趣旨がそこにあるのですから当然です。

しかし私は、タブーを外してタイトルを考えてみないか、と提案したのです。今回の番組を制作するにあたってはすべてのテーマで当事者への真正面からの「直撃取材」を課していました。実際に当たり始めたディレクターの報告では、「タブー」を前面に押し出しすぎて、当事者たちから「タブーとはなんだ！」と反感を買ったとのこと。協力を得られなくなる可能性を感じたからタブー外しです。

これには現実を考えて同意する人もいましたが、強硬な反対意見も出ました。

「『タブーに触れる番組』というのをやりたい、という強い意志で方向性を決めたので、私はタブーというワードを外すことについては正直、反対です」

もっともです。私もちょっと日和りすぎたかもしれません。が、取材に悪影響をきたすのを是とするかどうか、ここは悩みどころでした。

「タブー」を掲げながらも、うまく乗り切る、そんな一線はないものか……考えあぐねていたときでした。打ち合わせに参加できなかった佐藤Dからメールが入りました。

「『それってタブーですか？』とか、どうでしょうか？　ちょっと軽いですかね？」

霞のかかっていた頭の中で、一気に視界が開けた感じがしました。確かにニュアンス的には軽めですが、こちらから先入観でタブーと規定しない、客観的に疑問を解明していく、当事者に直接聞く、そんな企画趣旨がうまく表現できていました。

一同にはかると、「いいですね！」。全員同意。やれやれです。

でも、粘ってよかったです。あとになって若手は、「タブーをタイトルに残してもらえたことで、大きなモチベーションを得た」と語っていたのです。なんとなく、「ガイアの夜明け」のタイトルが決定したときのことを思い出しました。たかがタイトル、されどタイトル、なのです。

直撃成功で、衝撃の放送

そして、2016年11月17日24時42分からという深夜帯ではありましたが、テレ東新本社移転スペシャル『それってタブーですか？』が放送にこぎつけました。

パチンコ取材では、「換金は違法じゃないのですか？」と、総元締めの「日本遊技関連事業協会（日遊協）」の会長に直撃インタビュー、さらには、所管する警察庁の長官への直接質問と、そこまでやるかという大展開。その上で、スタジオでは井上慶一弁護士に解説してもらいました。

簡単に結論をお伝えしますと、日本ではギャンブルは違法とされているが、パチンコ店が特殊景品（確かめたら純金だった）を出す→景品交換所は古物商としてそれを買い取る→景品卸問屋がその特殊景品を購入しパチンコ店に卸す——という「3店方式」なる仕組みになっている。いずれも別法人のため違法とされていないとのことでした。

「おとり物件」では、中村Dが怪しい物件情報を発見して、見学の手配をお願いすると、来店を促された。不動産販売会社を訪れると、「タッチの差で入居者が決まってしまった」として、他の物件を勧めてきた。この「口上」こそが手口。その「怪しい物件」を確かめに訪

異色の報道特番「それってタブーですか？」

れると……中から、何も知らない住人が出てきた、という内容になりました。

田原総一朗さんから「よくやった、えらい」とお褒めの言葉をいただいたこの取材は、最終的に業者42社の処分にまで発展し、社会を動かすスクープ取材として結実しました。

そして、SHELLYさん発案の「フーゾク」は、植松淳さんという異能の模型作家の手による絶妙のフリップをもとに、井上弁護士が法的に解説してくれました。「ソープランドは合法」。そのココロは、特殊浴場はあくまでお風呂屋さんであり、その先は自由恋愛という形式だからなのだとか。納得するかどうかは、あなた次第です。が、タブー視されているものが存在していることの理屈、現実は伝えられたのではないでしょうか。

ちなみに、滝田Dが追っていた思想団体ものは、直当たりしたトップが最終的に「やめてほしい」と言ってきたため、泣く泣く断念となりました。

テレビはどこまでできるのか――51対49の法則

「それってタブーですか？」は好評につき、1年後の2017年12月25日にも第2弾を放送しました。このときの目玉は、第1弾で断念に追い込まれた滝田Dの巻き返し作。「みすず学苑」や謎の電車内広告などの、知っているようで知らない「深見東州氏」を追跡しました。ワールドメイトという新興宗教団体のトップです。直撃インタビュー取材は、連続8時間にも上りました。

それにしても、こんなギリギリ、キワキワの番組をよくもまあ2回もやらせてもらえたものです。やっぱりテレ東です。

放送後は、SNSなどでかなり反響があった一方で、「タブー」を標榜するからにはもっとハードな、社会を揺るがすようなものに取り組めという声もありました。今後にご期待ください、としか言いようがありませんが、スタッフたちにはやったことで見えてくるものもあったはずです。それが「一線を見極める」ということだと私は思っています。

タブー特番は、一番わかりやすい事例なのですが、最近は「放送できるか」の判断がますます重要になってきていると感じます。

「タブーに触れるなんて、おっかないからやめておこう」

ひょっとしたら、こんな考えがもたげてくる制作者もいるかもしれません。ですが、ちょっとギリギリのところにこそ、伝えるべき事実があったり、知られざる面白い状況が垣間見えたりするものです。

自分、あるいは視聴者の「興味本位」にばかり乗っかっていると火傷をするかもしれませんが、いろいろこれまで述べてきたような方法を総動員して、どこまでだったらいけるのか、〝見えそうで見えない、その一線〟をなんとか見極める努力をするしかないと思っています。

こんな話をすると、「うわー、考えるの大変そう」「無理無理」と敬遠するディレクターたちの声が聞こえてきますが、そんなときには、こんなふうに解説しています。

「100対ゼロで完璧に勝つのも、51対49の僅差で勝つのも、同じ1勝」

100対ゼロのほうがかっこいいのですが、49点取られてもいいんだと思えば、ちょっとは「できるかも」と勇気が湧いてきませんか？
そもそも、試合に臨まなければ、ゼロ点なのですから。

おわりに

今回、本を書くという作業をスタートした当初に、ちょっとした壁にぶつかりました。勝手が違うのです。

報道番組を制作していると、ニュース原稿に始まり、VTRのナレーション、スタジオ台本など、映像メディアといえども、意外に思われるかもしれませんが、文字を書く作業が多く、実は慣れていたつもりでした。

しかし、例えば、ニュース原稿は、つねに1分とか、30秒とか時間配分（「尺」と呼びます）を決められた中で、いかに簡潔に、いかに効果的に情報を盛り込んで伝えるか、その力量が問われます。極論すれば、短ければ短いほどよいのです。ところが、「本」は必ずしもそうではありませんでした。

本の場合は、「情景」、それに「会話」などの描写を克明に、詳細に書き込まないと伝わらないのだとわかりました（どこまでできていたかわかりませんが）。結構ベクトルが違うなと気がつくまで、時間がかかったのです。

なぜ、情景描写、会話をうまく盛り込むことができなかったのか、よくよく考えてみたら、これらをテレビ原稿ではほとんど書く必要がなかったからです。なぜなら、その裏には、「担ってくれている人たち」がいたからです。

情景にあたる「映像」は、カメラマンさんであり、編集マンさんであり、テロップを入れてくれるプロもいます。「音」は音声さん、ミキサーさん、「音楽」は音楽効果を担当する音効さんがいます。さらに諸々の補助役のＡＤさん（アシスタントディレクター）、ＡＰさん（アシスタントプロデューサー）がいて、ディレクター、プロデューサーがいる、制作会社もいる。

経済3番組のそれぞれ1回あたりの放送で、だいたい30～40人くらいが関わっていて、番組全体で言えば１００人は優に超えます。

そうです、テレビは1人では作れない、本当に「チーム力」の結晶なのです。

なんだか、今さらながら、コペル君の心境です。

というのも、最近、マンガ化されて大ベストセラーになった、『君たちはどう生きるか』（吉野源三郎著）の一場面を思い出しました。主人公のコペル君という中学生が、自分が赤ちゃんのときにお世話になった粉ミルクについて考察する場面です。粉ミルクは、オーストラリアの牛から始まって、乳をしぼる人、運ぶ人、そして、自分の家に持ってくる小売店の小僧まで……、一体どれだけの人が関わって、つながっているのかと、国をまたがった生産関係に思い至る名場面です。

私が長年にわたって関わらせていただいている経済3番組も、それぞれの人材が、一見すると違うことをしているようでいて、実はつながっている、そんなチームの〝結束力〟こそが、最大の強みなのだと思います。今回、「書く」ことで、再認識し、再発見することができました。

「ガイアの夜明け」は17年目に突入し、押しも押されもせぬ長寿番組として〝伝統と革新〟に挑んでいます。「カンブリア宮殿」も13年目、まだまだ〝進化〟しようと作戦を練っています。7年目の「未来世紀ジパング」は、大幅なリニューアルをして新しい航海に出ました。

テレ東経済3番組、私が代表して言うのもなんですが、さらに面白くなるはずです。今後もぜひご期待ください。

あのガイアの15周年パーティーで、たまたまマイクが回ってこなかったことをきっかけに、自らの経験をかえりみる貴重な機会をいただくことになりました。

関係者の方々には、「おお、そうだった」「あのとき、そんなふうに考えていたのか」と共感あり、「ちがうだろ〜」「お前が言うか」という異論反論ありかと思います。報道マンとして日頃は客観的視点がモットーですが、今回は報道原稿的にはありえない「私」の視点から描くチャレンジとなった面もありますので、何卒ご容赦ください。

このような拙文が、もがき悩める若き制作者の皆様、あるいはテレビ局に限らずプレッシャーに苦しむ組織の中間管理職の皆様、そしてガイア、カンブリア、ジパングを観ていただいているファンの皆様の、仕事上、生活上でのアイデア創りに少しでも寄与できることがありましたら、幸甚です。

こんなチャレンジの最初の後押しをしてくださった鍋田郁郎さん、日本経済新聞出版社の白石賢さん、いつも面白がってくれつつ的確なアドバイスをくださった日本経済新聞出版社の野澤靖宏さんには、大変お世話になりました。

また、実名でご紹介しきれなかった１００人は優に超える番組制作者の同志たちと、陰に陽に支えてくださるその家族の皆様、さらに取材に応じていただいた数多の企業の方々、スポンサーの皆様に、心より感謝申し上げます。

最後に、ご恩を返せないまま鬼籍に入られてしまった方々。言わずと知れた「ガイアの夜明け」の名ナレーション・蟹江敬三さん、ガイアの立ち上げに尽力くださった元日本経済新聞社専務・竹谷俊雄さん、テレビの構成の何たるかを教えていただいた構成作家・水谷和彦さん、「未来世紀ジパング」を質問力で支えていただいたジャーナリスト・竹田圭吾さん、農村少女を10年にわたって紡いでくれた編集ウーマン・吉田愛さん、天国での視聴率は100％だそうですので、いつもありがとうございます。引き続きお見守りください。

２０１８年５月

大久保直和

大久保直和　おおくぼ・なおかず

テレビ東京報道局報道番組センター　チーフ・プロデューサー。１９６８年生まれ。91年テレビ東京入社。92年より報道局勤務、政治部で宮沢喜一首相、加藤紘一氏等の番記者等を務め、97年北京支局長。２００２年「ガイアの夜明け」ディレクター、09年同チーフ・プロデューサー（ＣＰ）、11年「未来世紀ジパング」ＣＰ、16年より「カンブリア宮殿」ＣＰを担当。

日経プレミアシリーズ｜376

テレ東のつくり方

二〇一八年六月八日　一刷

著者　大久保直和

発行者　金子　豊

発行所　日本経済新聞出版社
https://www.nikkeibook.com/
東京都千代田区大手町一―三―七　〒一〇〇―八〇六六
電話（〇三）三二七〇―〇二五一（代）

装幀　ベターデイズ

組版　マーリンクレイン

印刷・製本　凸版印刷株式会社

ISBN 978-4-532-26376-8　Printed in Japan

日経プレミアシリーズ 322

世界経済　まさかの時代

滝田洋一

Brexit（英EU離脱）で再びくすぶる欧州銀行危機。なぜ今、尖閣諸島に中国漁船が押し寄せるのか？　黒田緩和とヘリコプターマネーの分かれ目。トランプの経済政策とアベノミクスの意外な類似点とは――？「まさかの事態」が次々と発生する世界を、日経編集委員が読み解く。好評の『世界経済大乱』第2弾。

日経プレミアシリーズ 323

先生も知らない世界史

玉木俊明

「欧州大戦は3回もあった!?」「定住生活開始は世界史最大の謎」「イギリス人が紅茶を飲むようになった理由」――。「先生が知らない」知識が、世界史にはゴロゴロしています。本書は、ものしり教師も知らない新事実、新解釈がメガ盛りの、目からウロコのおもしろ世界史講座です。

日経プレミアシリーズ 329

きもの文化と日本

伊藤元重・矢嶋孝敏

かつて日本人の誰もが着ていた「きもの」。衰退の原因は生活の欧米化だけではない。古代から現代まで日本の服飾史をたどり、きもの文化がなぜ停滞し、そして今、なぜ復活しつつあるのか、さまざまな側面から考える。経済学者ときもの大手経営者による異色対談。

日経プレミアシリーズ 330

男のチャーハン道

土屋 敦

パラパラのチャーハンを作れないのは「ダメ人間」である――。そして著者の探究は始まった。火力はどうする、卵コーティングは正しいのか、油の量は、鍋は、具材は……。苦節数年、誰もが家庭で「パラパラ」にするカギが、ある身近な食材にあることを突き止める。一品で一冊、世界で一番長いレシピであなたも絶品チャーハン、作りませんか。

日経プレミアシリーズ 334

しくじる会社の法則

高嶋健夫

「社長がメディアで持ち上げられ出すと危険信号」「凋落のシグナルは、バックヤードに現れる」「ビル清掃員やタクシー運転手の評価は鉄板」……30有余年にわたり企業を取材してきたベテランジャーナリストが、豊富な経験から「しくじる会社」と「伸びる会社」を見分ける方法をシンプルに解き明かします。

日経プレミアシリーズ 337

あの会社はこうして潰れた

帝国データバンク情報部　藤森 徹

77億円を集めた人気ファンド、創業400年の老舗菓子店、名医が経営する病院――。あの企業はなぜ破綻したのか？　トップの判断ミス、無謀な投資、同族企業の事業承継失敗、不正、詐欺など、ウラで起きていたことをつぶさに見てきた信用調査マンが明かす。倒産の裏側にはドラマがある！

日経プレミアシリーズ345

できるアメリカ人 11の「仕事の習慣」

岩瀬昌美

アメリカの「できる人」は、日本人が抱くイメージとこんなに違う！　気遣い・根回し上等、状況が変われば態度豹変、「できそうに見える」ことを重視する……。現地で長く働く女性起業家が、彼ら、彼女らの実像を豊富なエピソードから紹介。世界共通で成果を上げる人が実践する「頭の使い方、働き方」を探ります。

日経プレミアシリーズ346

今そこにあるバブル

滝田洋一

長引くデフレの先に待っているのは、再びのバブルなのか？　タワーマンションやアパート投資に向かう節税マネー、訪日客人気で過熱する大阪ミナミの地価、半年で3倍になったビットコイン相場――。不動産から、ドットコム銘柄、ＡＩまで、日経編集委員が新たなバブル現象を読み解く。

日経プレミアシリーズ356

なぜ中国人は財布を持たないのか

中島 恵

爆買い、おカネ大好き、パクリ天国――。こんな「中国人」像はもはや恥ずかしい？　街にはシェア自転車が走り、パワーブロガーが影響力をもつ中国社会は、私たちの想像を絶するスピードで大きな変貌を遂げている。次々と姿を変える中国を描いた衝撃のルポルタージュ。